铁精矿焙烧过程
除尘烟气脱氟技术

张 芳 著

北 京
冶 金 工 业 出 版 社
2016

内 容 提 要

本书共分 8 章，首先简要介绍了含氟铁精矿、工业生产中氟化物的逸出行为以及简单氧化物与氟化钙相互作用的热力学分析，然后重点讨论了铁精矿脉石与萤石的相互作用、脉石组分对氟碳铈矿的脱氟作用、焙烧过程氟逸出率的影响因素以及水蒸气对氟化物逸出的影响，最后总结了铁精矿焙烧过程氟化反应动力学研究成果。

本书可供科研院所和钢铁生产企业相关的研究人员和专业技术人员使用，也可作为高等院校冶金及材料专业研究生的教学参考书。

图书在版编目 (CIP) 数据

铁精矿焙烧过程除尘烟气脱氟技术/张芳著 . —北京：
冶金工业出版社，2016. 6
　ISBN 978-7-5024-7269-6

　Ⅰ. ①铁…　Ⅱ. ①张…　Ⅲ. ①铁矿物—焙烧—消烟除尘
Ⅳ. ①X757

　中国版本图书馆 CIP 数据核字 (2016) 第 129923 号

出 版 人　谭学余
地　　　址　北京市东城区嵩祝院北巷 39 号　邮编　100009　电话　(010)64027926
网　　　址　www. cnmip. com. cn　电子信箱　yjcbs@ cnmip. com. cn
责任编辑　杨秋奎　美术编辑　杨　帆　版式设计　杨　帆
责任校对　郑　娟　责任印制　牛晓波
ISBN 978-7-5024-7269-6
冶金工业出版社出版发行；各地新华书店经销；固安华明印业有限公司印刷
2016 年 6 月第 1 版，2016 年 6 月第 1 次印刷
169mm×239mm；9.5 印张；185 千字；142 页
36. 00 元
冶金工业出版社　投稿电话　(010)64027932　投稿信箱　tougao@cnmip. com. cn
冶金工业出版社营销中心　电话　(010)64044283　传真　(010)64027893
冶金书店　地址　北京市东四西大街 46 号(100010)　电话　(010)65289081(兼传真)
冶金工业出版社天猫旗舰店　yjgycbs. tmall. com
　　　　　　(本书如有印装质量问题，本社营销中心负责退换)

序

白云鄂博矿床是世界上罕见的铁、稀土、铌等多金属共生矿床，其独特的资源优势造就了包钢以钢铁和稀土为主的产业优势。作为炼铁原料的白云鄂博铁精矿，也是一种含氟、碱金属的特殊矿种，其在选矿、烧结、冶炼过程中表现出的特殊性也引起了学术界的重大关注。

本书作者为内蒙古科技大学材料与冶金学院教师，多年来一直从事冶金领域的教学与科研工作，致力于炼铁原料及白云鄂博资源综合利用方面的研究，主持和参加多项与白云鄂博铁精矿高效利用相关的科研课题，对白云鄂博铁精矿的特殊性及其造块、烧结原理具有较深刻的研究。

本书对白云鄂博含氟铁精矿焙烧过程气态氟化物逸出机理进行了详细的阐述。（1）通过理论分析与实验研究相结合的方法，深入研究了白云鄂博铁精矿中的脉石组分与其中萤石和氟碳铈矿之间相互作用的热力学性质和动力性机理，并取得了一些创新性的研究结果。通过热力学计算并结合焙烧实验研究，证实了白云鄂博铁精矿脉石组分中的 SiO_2 与萤石之间的氟化反应产物，除气相产物 SiF_4 外，还包括以假硅灰石（$CaSiO_3$）为主的固相产物，而不是以往研究中普遍认为的 CaO 形式。（2）通过研究白云鄂博铁精矿焙烧过程中碱度对氟逸出率的影响，探明了 CaO 对枪晶石生成的作用，明确了枪晶石稳定存在的温度范围为 $1100 \sim 1200℃$。（3）采用热分析动力学方法研究了天然钾长石－CaF_2 体系和天然钠辉石－CaF_2 体系氟化反应的动力学机理，并且采用扩散偶微观能谱分析的方法确定了天然钾长石－CaF_2 体系 Ca、F、K 和 Si 元素在反应界面的扩散系数，这是过去未深入研究的内容。

　　本书的研究结果为促进铁精矿焙烧过程氟化物的逸出提供了理论依据，也可为其他涉及含氟原料的处理工艺提供参考。同时其研究方法也可为从事相关研究工作的技术人员提供技术指导。

包钢炼铁专家、教授级高级工程师

2016 年 6 月 8 日于包头

前　言

　　白云鄂博铁精矿作为包钢自产精矿，一直以来都是生产烧结矿、球团矿的主要含铁原料。因白云鄂博铁精矿含氟，给铁矿粉造块、高炉冶炼等工艺带来诸多不利之处。尽管随着选矿技术的不断进步，白云鄂博铁精矿中的氟含量逐渐从 2.8% ~ 2.9%，降至目前平均 0.5% 的水平，使烧结矿和球团矿中的氟含量分别降至 0.30% 左右和 0.10% 以下，但氟对烧结矿、球团矿质量以及高炉炼铁生产的不利影响并未消除。

　　由于白云鄂博铁精矿中同时含 K、Na（目前 K_2O、Na_2O 含量均在 0.2% 左右），在 F、K、Na 等元素的共同作用下，烧结矿黏结相强度低，球团矿还原膨胀率高；烧结矿和球团矿的冶金性能差，软熔温度低，熔融区间宽。另外，对于包钢高炉炼铁生产，烧结矿作为主要的含铁原料，其配比在炉料结构中高达 70% 左右，导致高炉渣中氟含量仍然在 0.70% 以上，且炉渣的热稳定性差，不利于高炉顺行，并影响高炉寿命。

　　一般钢铁企业的氟污染主要来源于炼钢过程加入的萤石。但是，由于原料的特殊性，包钢除与其他钢铁企业同样存在粉尘、SO_2、NO_x、CO 等大气污染之外，还存在氟污染问题。白云鄂博铁矿石中含氟高达 7%，主要以萤石和氟碳铈矿的形式存在；在选矿、冶炼过程中，原矿中的氟 98.5% 进入尾矿和高炉渣中，其余 1.5% 的氟在采、选、冶炼以及各储运、装卸作业中以含氟废气、粉尘、废水及其他废渣等形式进入环境。其中，含氟烟气对环境的影响较大，是包钢氟污染的主要问题。

　　通过调整白云鄂博铁精矿的焙烧工艺，在保证烧结矿或球团矿质量的前提下，提高焙烧过程白云鄂博铁精矿中氟的逸出率，是除选矿之外降低由含铁原料带入高炉氟负荷的有效途径之一；同时，焙烧过程产生的大量含氟烟气，也需要进行高效地回收利用。因此，有必要就白云鄂博铁精矿造块过程气态氟化物的生成机理及排放规律进行研究，通过揭示焙烧过程中氟化物的生成规律，为气态氟化物的排放创造有利条件，为进一步减轻 F、K、Na 等有害元素对高炉炼铁生产的不利影响提供理论依据；同时，为除氟工艺及除氟装置的优化，更加有效利用白云鄂博铁矿资源提供理论指导。

本书采用理论分析与实验研究相结合的方法，在简要介绍白云鄂博铁精矿的化学成分、矿物组成及氟元素对其冶金性能影响的基础上，总结了工业生产中氟化物逸出行为的实验和理论研究进展，系统地分析了简单氧化物与氟化钙相互作用的热力学性质，以及白云鄂博铁精矿中的脉石组分与其中萤石和氟碳铈矿之间相互作用机理，深入研究了白云鄂博铁精矿焙烧过程氟化物逸出率的主要影响因素，并采用热分析的方法对焙烧过程气态氟化物形成的动力学机理进行研究，确定气态氟化物逸出过程的限制性环节，为促进白云鄂博铁精矿焙烧过程氟化物的逸出提供理论依据和数据支持。

本书撰写过程中参考了国内外的一些文献资料，在此特向有关作者致谢，并向在本书撰写、出版等过程中给予帮助和支持的所有人员致以诚挚的谢意！

本书的出版得到 2015 年内蒙古自治区教育厅高等学校科学研究重点项目（NJZZ157）和国家自然科学基金项目（51104088）的资金支持。在编撰过程中，本书作者受到内蒙古科技大学的安胜利教授、杨吉春教授、罗果萍教授、王艺慈教授的鼓励和支持，在此致以深深的谢意！

由于作者水平所限，书中疏漏和不足之处，诚恳希望读者批评指正，作者将虚心接受并愿意与读者进行广泛交流。

作　者

2016 年 4 月

目　录

1　含氟铁精矿

1.1　白云鄂博矿

　　白云鄂博矿是世界上罕见的铁、稀土、铌等大型多金属矿床，其矿物学特征包括"多、贫、细、杂"四大特点。白云鄂博矿中元素组成多、矿物组成多。到目前为止，白云鄂博矿区共发现元素71种、矿物172种，矿物中有用矿物含量达70%以上。白云鄂博矿铁品位约为30%，稀土氧化物含量约为6%，五氧化二铌含量约0.10%。白云鄂博矿中有用矿物的结晶粒度细，铁矿物粒度一般在0.01~0.20mm之间。白云鄂博矿中同种元素常以多种矿物形式存在，铁矿物有7种，稀土矿物有16种，铌矿物有20种，且有少量铁、稀土、铌以分散相存在于其他脉石矿物中[1~9]。白云鄂博矿主要组分波动范围及平均含量见表1-1[1]。

表1-1　白云鄂博矿主要组分波动范围及平均含量

组 分	质量分数/%		组 分	质量分数/%	
	范围	平均		范围	平均
TFe	20~60	34.7	F	1~20	6.7
FeO	0.3~18	9.6	P	0.1~2	0.9
RE_2O_3	1~20	5.6	S	0.1~2.5	1.4
Nb_2O_5	0.1~1.0	0.1	$K_2O + Na_2O$	0.2~5	0.8
Mn	0.1~5	1.3	ThO_2	0.03~0.05	0.04
TiO_2	0.1~0.8	0.5	$\dfrac{CaO + MgO}{SiO_2 + Al_2O_3}$	0.5~9.4	>1.2

　　白云鄂博矿中94.26%~97.84%的氟元素存在于萤石中，少量存在于氟碳铈矿中，见表1-2。萤石内部常包裹有其他矿物的包裹体，进入磁选精矿中的萤石几乎都以连生体存在，且以与铁矿物的贫矿连生为主[10~12]。

表1-2　各类型矿石中氟赋存状态

矿物种类	矿物 $w(F)/\%$	块 状 型				萤 石 型				钠辉石型		钠闪石型	
		主矿		东矿		主矿		东矿		东矿		东矿	
		质量分数/%	分布率/%	质量分数/%	分布率/%	质量分数/%	分布率/%	质量分数/%	分布率/%	质量分数/%	分布率/%	质量分数/%	分布率/%
萤石	48.80	10.25	97.84	7.09	96.64	31.17	95.66	23.97	95.51	13.13	94.26	18.75	96.11

续表1-2

矿物种类	矿物 w(F)/%	块状型				萤石型				钠辉石型		钠闪石型	
		主矿		东矿		主矿		东矿		东矿		东矿	
		质量分数/%	分布率/%	质量分数/%	分布率/%	质量分数/%	分布率/%	质量分数/%	分布率/%	质量分数/%	分布率/%	质量分数/%	分布率/%
氟碳铈矿	7.84	1.42	2.15	1.06	2.25	8.62	4.27	6.77	4.32	4.51	5.14	2.41	1.99
黄河石	4.00									0.05			
钠闪石	2.35	0.57		0.48	0.27	0.07		0.25	0.08	0.49	0.14	5.60	1.36
云母类	3.60	0.11		0.96	0.84	0.15	0.06	0.25	0.08	0.79	0.44	4.63	0.52
易解石类	1.60	0.01				0.06		0.01		0.03		0.02	
合计			99.99		100.0		99.99		99.99		99.98		99.98
大样 w(F)/%		5.89		3.80		16.83		11.16		7.25		8.31	
平均系数		86.82		94.01		94.97		109.76		93.79		111.56	

注：表中资料根据内蒙古地质局实验室6个物质成分大样计算而得。

白云鄂博矿矿石中含钾、钠矿物主要是钠辉石、钠闪石、碱性长石及黑云母，除碱性长石无磁性外，其他三种均与赤铁矿一样同属弱磁性矿物，在强磁作业中很容易进入强磁精矿和强磁中矿，需进一步浮选剔除，同时由于它们的可浮性与铁矿物也很相近，仍可能有相当量进入最终铁精矿中[13]。

1.2 白云鄂博含氟铁精矿

鉴于包钢白云鄂博铁精矿独有的含氟特点及氟对人造富矿生产和高炉冶炼带来的严重影响，又被称为含氟铁精矿。此外，其中还有钾、钠等有害元素，它们的共同作用，给包钢的铁前原料生产和高炉冶炼带来诸多困难[14~16]。

包钢铁精矿品位经历了高—低—高三个阶段[17,18]。选矿厂刚投产时，铁精矿品位为58.5% ±0.5%，含氟1.5% ~1.8%，产品质量尚可；随着设备的老化，全铁品位不断下降，最低曾到55%，氟含量上升到2.8%左右；后来由于选矿技术的进步，铁精矿品位又逐渐回升到58%左右，氟含量降至刚投产时的水平。20世纪90年代以后选矿攻关取得巨大进展，1993年全铁品位达62%，氟降低到1.0% ~1.2%。1997年以后，铁精矿的品位保持在62%左右，含氟在0.7%以下[1]。虽然与首钢迁安、鞍山、本溪精矿相比，铁品位仍然较低，而且含有钾、钠、氟等有害元素，但已基本能满足包钢高炉冶炼的要求[19]。表1-3列出了包钢铁精矿与几种外地铁精矿的矿物组成。

表1-3 包钢铁精矿与几种外地铁精矿的矿物组成（质量分数/%）

矿物组成	精 矿 产 地					
	包钢	迁安	南芬	武钢	弓长岭	大孤山
磁铁矿	60	75~80	80	80~85	80	65
赤铁矿	10~15	5	2	5	3	10~15
石英	2	10	10	3~5	10	15
霓石	5~10					
钠闪石	3					
萤石	5					
独居石	3					
重晶石	少量					
磷灰石	少量					
碳酸盐	2~3	1~2	少量	3	少量	2
云母	少量		1	少量	少量	少量
绿泥石			1~2	2	1	1
角闪石		2		少量	3	2

　　针对不同时期白云鄂博铁精矿的特点，包钢烧结矿经历了自熔性烧结矿、高碱度烧结矿、高碱度高氧化镁烧结矿、低氟低硅烧结矿、低碱度烧结矿以及高碱度低硅烧结矿的不同阶段，特别是其中针对氟对烧结矿成矿机理及冶金性能的影响，进行了长期而广泛的研究[20,21]。罗果萍等[21]的研究结果表明，包钢烧结矿中适宜的氟含量具有降低液相黏度、增加液相流动性、减小孔洞尺寸、均匀孔洞分布的作用，可使烧结矿呈现均匀的薄壁多孔结构。但较高的氟含量因具有促进枪晶石、抑制铁酸钙和斜硅钙石生成的作用，易使烧结矿呈现薄壁大气孔结构。

　　国内外一般用于球团生产的是石英型磁铁精矿，我国最典型的是首钢的迁安铁精矿和鞍钢的弓长岭铁精矿，其矿物组成十分简单，磁铁矿 $w(Fe_3O_4)$ 高达85%左右，脉石主要为石英（SiO_2）。迁安铁精矿颗粒呈粒状、柱状且不规则状居多，棱角明显可见，精矿易于成球。相比之下，白云鄂博铁精矿比迁安铁精矿颗粒形状差一些，接近浑圆状，成球性能差，尤其是单一矿种生产不利于精矿成球[22,23]。含氟精矿的矿物组成复杂得多，表1-4列出了几种含氟铁精矿典型的矿物组成[24~26]。从矿物组成上看，除以磁铁矿为主这一点有利于包钢含氟球团生产之外，其他组分对球团矿生产几乎没有优越性可言，其主要弊端是脉石为低熔点矿物，尤其是含有钾、钠、氟等元素的矿物，熔点均在一般球团焙烧温度之下，造成球团焙烧温度区间小，在较低焙烧温度下，很快就出现熔体，使球团在短时间内具有一定机械强度，但在稍高的温度下即可能出现大量熔体，导致球团机械强度迅速下降。目前，关于包钢球团矿存在的还原膨胀率过高的问题，也在不断地进行研究和探索。

表 1 -4　含氟精矿的矿物组成　　　　　　（质量分数/%）

精 矿 类 别	主东混合精矿	东矿磁选精矿	主、东氧化矿磁选精矿	西矿氧化矿浮选精矿
磁铁矿	60	80	40	20
赤铁矿	10	少	40	60
石 英	少	少	5	少
萤 石	4	2	少	少
白云石（$Ca \cdot Mg(CO_3)_2$）	4	少	少	10
闪石（$Na_2(Fe^{2+}, Mg) Fe^{3+} Si_8 O_2(OH, F)$）	8	10	5	7
霓石（$NaFeSi_2O_6$）	8	5	5	少
云母（$K \cdot Mg_3 AlSi_3 O_{10}(OH)_6$）	少	少	少	少
稀土矿物（$(La, CaPrNd) CO_3F$）	3	少	少	少

1.3　白云鄂博铁精矿氟逸出的形态

一般钢铁企业的氟污染主要来源于炼钢过程添加的萤石，而包钢则由于所使用的白云鄂博铁精矿中含有氟，其产生的氟污染问题与其他钢铁企业有所不同。

白云鄂博铁矿是一个含有铁、稀土、铌、锰、氟等多元素的共生矿；铁矿石中氟以萤石和氟碳铈矿的形式存在，含量约7%。在选烧、冶炼等生产过程中，原矿中氟的98.5%进入尾矿和高炉渣，其余1.5%的氟在采、选、冶炼以及各储运、装卸作业中以含氟废气、粉尘、废水及其他废渣等形式进入环境[27,28]；进入大气的氟主要以气态四氟化硅（SiF_4）、氟化氢（HF）和含氟粉尘的形式存在，进入水体的氟主要以离子状态存在（如 F^-、SiF_6^{2-}），进入固体废弃物中的氟则以氟化钙（CaF_2）等稳定的化合物形态存在；其中含氟烟气对环境的影响较大，是包钢氟污染的主要问题[29~31]。

2 工业生产中含氟烟气的
逸出行为及处理技术

2.1 氟资源

地壳内氟的蕴藏量达 100 万亿吨之多，氟的克拉克值为 0.027，它在自然界中的分布度占第 16 位。氟通常蕴藏在地球的硅酸盐层内[32]。

主要的含氟原料有萤石（CaF_2）、氟磷灰石（$3Ca_3(PO_4)_2 \cdot CaF_2$）、黄玉（$Al_2SiO_4(OH，F)_2$）、冰晶石（$Na_3AlF_6$）、磷铝石（$AlPO_4 \cdot (Li，Na)F$）、磷铁锰矿（$(Fe，Mn，Ca，Mg)_3P_2O_8 \cdot (Fe，Mn)F_2$）、烧绿石（$(Na，Ca)_2(Nb，Ti)_2(O，F)_7$）等。含氟矿物如此种类繁多和结构复杂，说明氟离子、氧离子、氢氧根离子的大小十分相近；氟离子——0.133nm，氧离子——0.132nm；氢氧根离子——0.133nm。这些矿物通常出现在伟晶岩中，因为那里的条件对形成类质同晶最为有利，而萤石只存在于矿脉中，很少在伟晶岩中发现[33]。

2.2 氟化物的性质与特征

2.2.1 氟化物的性质

氟（F）是一种非金属化学元素，氟元素的单质是 F_2，常温下为淡黄色气体。由于它易与金属元素形成可溶性的化合物进行迁移，因此又称矿化剂元素。氟元素位于元素周期表中第二周期、第ⅦA族，是最活泼的卤族元素，电负性极强，对电子的吸引力达到 332.79J/g，几乎能和除了惰性元素以外的任何其他元素，如硅、碳等相互作用形成氟化物，以 −1 价离子状态存在。

2.2.2 氟化物的特征

氟化物的特征主要如下[34]：

（1）许多氟化物具有挥发性。有些氟化物的沸点低，在常温下或较低的温度下就能气化而大量挥发。例如 SiF_4 和 HF 就是这样的挥发性氟化物，它们是大气中氟化物的主要形式。还有一些挥发性的氟化物虽然沸点高，但在某些强烈的自然条件（如火山爆发）下可发生显著地球化学迁移。

（2）环境中的大多数氟化物都具有一定的水溶解性。很多氟化物都易溶于水，即使一些氟化物的溶解度较低，但在水中也有溶解性。例如，在20℃时，萤石和氟磷灰石的溶解度分别为40mg/L和200～500mg/L。由于氟化物具有水溶性，因此氟化物具有较强的迁移性。

（3）氟与许多元素有形成络合物的趋势。氟可与铝、硅、钙、镁、硼等形成络合物，并且含氟络合物比较稳定。氟的络合物中有一部分是易溶的，导致氟以络合物的形态迁移；另一部分是不溶的，可使氟固定而迁移性弱。

（4）无机胶体和有机胶体对氟有强烈的吸附作用。例如，黏粒、黏土矿物、有机质等都能吸附或吸收气态和液态氟化物，其吸附作用有离子吸附和分子吸附。这种吸附作用可起到固定氟化物的作用，同时也能使氟在环境中富集。

根据氟的地球化学与环境化学特征，自然界中化合物形态的氟在不同介质中的存在形态可归纳为以下几种方式：以独立矿物形态存在于岩石中；以类质同象形式呈离子态存在于矿物晶格中；以非类质同象形式呈离子态吸附于矿物颗粒表面。表2-1给出了环境中不同介质体内氟的赋存形式。

表2-1　环境中不同介质体内氟的赋存形式

介质	岩石	土壤	水体	大气	生物
赋存形式	萤石、冰晶石、氟磷灰石	吸附态的氟、固体氟化物、氟矿石颗粒	游离氟离子、氟的络合物	SiF_4和HF气体、挥发性氟化物、尘粒	氟化磷酸钙、氟化钙、有机氟化物

2.3　工业生产中氟化物的逸出行为

在钢铁、铝电解、磷肥、水泥、砖瓦、陶瓷、玻璃以及以白云鄂博矿为原料的稀土冶炼等行业均存在不同程度的氟化物逸出。

钢铁企业的高炉、转炉等冶炼工艺中需加入萤石（CaF_2）作助熔剂；钢铁冶金生产过程中大部分氟进入炉渣，少量进入水和大气；由于白云鄂博铁矿石含有氟，在矿山开采、选矿、烧结、冶炼等生产过程中均有含氟的烟气、粉尘、废水、废渣排出；炼铝企业的氟污染主要来自铝电解时所消耗的氟化铝（AlF_3）和冰晶石（Na_3AlF_6），相应生产氟化铝（AlF_3）和冰晶石（Na_3AlF_6）的过程也有氟污染产生；磷肥工业的氟污染则是因磷矿石中普遍含氟（约2%）所致；砖瓦、陶瓷、水泥行业的氟污染与其生产所用黏土中含氟量有关；玻璃生产过程中需加入萤石（约占原料量的0.5%），大部分氟排入环境，也会产生氟污染。此外，煤炭中也含有氟，平均约150×10^{-6}，燃煤过程约有75%的氟排入大气[35~37]。

2.3.1　氟碳铈矿焙烧过程中氟的行为

氟碳铈矿是一种氟碳酸盐矿物（$REFCO_3$），即它本身就含有氟。另外氟碳铈矿精矿中还含有少量的含氟矿物，如萤石（CaF_2）等。因此，从氟碳铈矿提取分离稀土时，氟以不同形式存在于中间产品以及废气、废水和废渣中[38]。

2.3.1.1 氟碳铈矿的分解行为

吴文远等[39]认为氟碳铈矿的热分解过程是分步进行的，在 500～700℃ 温度下，$REFCO_3$ 的分解产物为（Ce，La）OF；当温度为 800℃ 时，（Ce，La）OF 发生分解，生成 $Ce_{0.75}Nd_{0.25}O_{1.875}$ 和（Ce，Pr）$La_2O_3F_3$ 两相。当温度继续升高到 850℃ 时，（Ce，Pr）$La_2O_3F_3$ 继续分解为 LaF_3、Ce_2O_3 和 $PrO_{1.83}$。

池汝安[40]认为温度高于 700℃ 时，空气中的水分能使氟碳铈矿焙烧产物脱氟，这一过程如式（2-1）所示：

$$2REOF + H_2O \Longrightarrow RE_2O_3 + 2HF \tag{2-1}$$

吴志颖[41]认为：在含氟稀土精矿焙烧过程中以下气相中的氟以 HF 形式逸出，氟能够逸出的基本条件是焙烧气氛中水蒸气的存在，并随着焙烧温度的升高，空气湿度的增加，焙烧时间的延长，气相中氟的含量大量增加，如果焙烧条件适宜，可以将氟碳铈矿中的氟以 HF 的形式完全脱除。而且，氟碳铈矿在不同的焙烧条件下的分解反应机理不同，如式（2-2）和式（2-3）所示[42]。

通入干燥空气条件下：

$$REFCO_3 \Longrightarrow REOF + CO_2 \tag{2-2}$$

通入饱和水蒸气条件下：

$$2REFCO_3 + H_2O \Longrightarrow RE_2O_3 + 2HF + 2CO_2 \tag{2-3}$$

2.3.1.2 固氟剂在氟碳铈矿分解过程中的作用

为了控制氟碳铈矿焙烧和浸出过程中氟的逸出，消除氟对稀土产品质量的影响，颜世宏和柳召刚等[43,44]均提出通过 Na_2CO_3 的作用，使氟碳铈矿焙烧后大部分氟以固态（NaF）的形式存在于焙砂中，以减少氟向环境中的逸出。时文中等[45]提出了采用固氟剂 MgO，将氟碳铈矿中的氟通过高温焙烧以难溶性的 MgF_2 和 CaF_2 的形式留在浸渣中，固氟十分彻底。孙树臣等[46,47]认为 CaO 在氟碳铈矿焙烧过程中具有抑制气相氟产生的效果，选用低熔点助剂 $NaCl-CaCl_2$ 后，其效果更加显著。

2.3.2 保护渣中氟化物的逸出及影响因素

氟在保护渣中对调节保护渣的物理化学性能具有重要的作用[48~51]。保护渣中的氟一般以萤石（CaF_2）、氟化钠（NaF）或冰晶石（Na_3AlF_6）的形式加入，可以降低保护渣的熔点和黏度，调节结晶性能，改善熔渣与金属或熔渣与夹杂物之间的反应动力学条件，起到助熔剂及稀释剂的作用。

2.3.2.1 形成挥发性氟化物的主要反应

氟几乎能同所有的其他元素（还包括几种惰性气体）化合成氟化物。Zaitsev

等人[52,53]采用质谱法在工作现场实测表明：从保护渣中挥发出的主要气体有 NaF、KF、SiF_4、AlOF、$NaAlF_4$、AlF_3、CaF_2 和 BF_3。连铸结晶器保护渣加热过程中形成挥发性氟化物的主要反应及其平衡常数见表 2-2。

表 2-2 形成挥发性氟化物的主要反应及其平衡常数

序号	氟化物生成反应	K_p		
		1000K	1500K	1800K
1	$Na_2O_{(s)} + CaF_{2(s)} = 2NaF_{(g)} + CaO_{(s)}$	3.69×10^{-6}	8.69	376.9
2	$K_2O_{(s)} + CaF_{2(s)} = 2KF_{(g)} + CaO_{(s)}$	2.11	2.22×10^4	1.30×10^5
3	$SiO_{2(s)} + 2CaF_{2(s)} = SiF_{4(g)} + 2CaO_{(s)}$	4.37×10^{-15}	2.24×10^{-9}	3.82×10^{-7}
4	$Al_2O_{3(s)} + 3CaF_{2(s)} = 2AlF_{3(g)} + 3CaO_{(s)}$	1.94×10^{-34}	1.97×10^{-17}	2.45×10^{-12}
5	$Al_2O_{3(s)} + CaF_{2(s)} = 2AlOF_{(g)} + CaO_{(s)}$	2.33×10^{-39}	2.41×10^{-20}	3.01×10^{-14}
6	$B_2O_{3(s)} + 3CaF_{2(s)} = 2BF_{3(g)} + 3CaO_{(s)}$	2.80×10^{-24}	2.82×10^{-12}	7.43×10^{-9}
7	$MgO_{(s)} + CaF_{2(s)} = MgF_{2(g)} + CaO_{(s)}$	4.07×10^{-15}	1.69×10^{-7}	3.72×10^{-5}
8	$CaF_{2(s)} \rightarrow CaF_{2(g)}$	2.25×10^{-13}	3.25×10^{-6}	4.88×10^{-4}
9	$Na_3AlF_{6(s)} = 3NaF_{(g)} + AlF_{3(g)}$	1.35×10^{-30}	1.96×10^{-11}	6.49×10^{-6}
	$3Na_3AlF_{6(s)} = Na_5Al_3F_{14(s)} + 4NaF_{(g)}$	2.93×10^{-34}	—	—
10	$Na_3AlF_{6(s)} = NaAlF_{4(s)} + 2NaF_{(g)}$	5.42×10^{-7}	0.02	0.19
11	$NaF_{(s)} \rightarrow NaF_{(g)}$	3.60×10^{-7}	8.16×10^{-3}	0.15
12	$Na_3AlF_{6(s)} = AlF_{3(g)} + 3NaF_{(g)}$	2.90×10^{-11}	3.60×10^{-5}	1.27×10^{-4}
13	$AlF_{3(s)} \rightarrow AlF_{3(g)}$	5.82×10^{-6}	0.45	16.70
14	$2Na_3AlF_{6(s)} + 3Na_2O_{(s)} = 12NaF_{(g)} + Al_2O_{3(s)}$	4.35×10^{-63}	7.70×10^{-20}	1.27×10^{-7}
15	$4Na_3AlF_{6(s)} + 3SiO_{2(s)} = 12NaF_{(s)} + 3SiF_{4(g)} + 2Al_2O_{3(s)}$	7.21×10^{-24}	1.83×10^{-10}	5.77×10^{-7}
16	$2Na_3AlF_{6(s)} + 3CaO_{(s)} = 6NaF_{(s)} + Al_2O_{3(s)} + 3CaF_{2(g)}$	4.90×10^{-26}	2.26×10^{-9}	2.15×10^{-4}
17	$2Na_3AlF_{6(s)} + 3MgO_{(s)} = 6NaF_{(s)} + Al_2O_{3(s)} + 3MgF_{2(g)}$	2.90×10^{-31}	3.16×10^{-13}	9.56×10^{-8}
18	$2Na_3AlF_{6(s)} + B_2O_{3(s)} = 6NaF_{(s)} + Al_2O_{3(s)} + 2BF_{3(g)}$	1.21×10^{-11}	1.86×10^{-4}	1.38×10^{-2}
19	$Na_3AlF_{6(s)} + Al_2O_{3(s)} = 3NaF_{(s)} + 3AlOF_{(g)}$	2.34×10^{-52}	3.03×10^{-26}	7.12×10^{-18}

Viswanathan[54]对保护渣中氟的气化过程做了研究，指出氟在高温下存在如下反应：

$$2CaF_2 + SiO_2 = SiF_4 + 2CaO \qquad (2-4)$$
$$H_2O + CaF_2 = 2HF + CaO \qquad (2-5)$$
$$2H_2O + SiF_4 = 4HF + SiO_2 \qquad (2-6)$$

2.3.2.2 影响氟化物挥发的因素

王平[55]的研究证实温度上升至 900℃时，含氟连铸保护渣中首先是 KF 挥发，然后是 NaF 挥发；超过 1000℃，AlF_3 挥发，最强烈地挥发的是 SiF_4。对不同保护渣进行的一系列研究表明，随着保护渣碱度升高，氟烧损减少。

Shimizu 等[56]对连铸保护渣的气压进行了测定，并阐明 1050℃为 NaF 的最低气化温度，而且 NaF 的挥发对 SiF_4 的挥发没有影响，因为 SiF_4 在室温下仍然是气体。Shimizu 的研究还发现保护渣的组分和温度对氟化物的蒸发有影响。氟化物的挥发量随连铸保护渣中 CaO 含量的增加而降低。氟化物挥发在最初的 5 ~ 10min 中最强烈，之后缓慢减弱，随着碱度升高和 Na_2O（苏打）含量的增加，氟烧损下降。另外，研究结果中还指出，空气湿度、连铸机冷却水和保护渣中的水分都会明显加剧连铸保护渣对环境的有害作用，这主要是因为 CaF_2、冰晶石和 Si、Al、Na、K、B 等氟化物的水解作用，伴随形成 HF。氟化物的水解反应及其平衡常数见表 2 - 3。

表 2 - 3　氟化物的水解反应及其平衡常数

序号	氟化物生成反应	K_p		
		1000K	1500K	1800K
1	$2NaF_{(g)} + H_2O_{(g)} = Na_2O_{(s)} + 2HF_{(g)}$	9.17×10^{-4}	2.56×10^{-5}	1.59×10^{-5}
2	$2KF_{(g)} + H_2O_{(g)} = K_2O_{(s)} + 2HF_{(g)}$	1.60×10^{-9}	1.66×10^{-8}	4.62×10^{-8}
3	$SiF_{4(g)} + 2H_2O_{(g)} = SiO_{2(s)} + 4HF_{(g)}$	0.30	22.1	94.70
4	$2AlF_{3(g)} + 3H_2O_{(g)} = Al_2O_{3(s)} + 6HF_{(g)}$	1.99×10^8	5.58×10^5	4.93×10^3
5	$CaF_{2(g)} + H_2O_{(g)} = CaO_{(s)} + 2HF_{(g)}$	1.50×10^4	68.5	4.71
6	$CaF_{2(s)} + H_2O_{(g)} = CaO_{(s)} + 2HF_{(g)}$	3.38×10^{-5}	2.22×10^{-4}	2.30×10^{-3}
7	$2BF_{3(g)} + 3H_2O_{(g)} = B_2O_{3(s)} + 6HF_{(g)}$	0.014	3.90	29.2
8	$MgF_{2(g)} + H_2O_{(g)} = MgO_{(s)} + 2HF_{(g)}$	8.32×10^5	1.32×10^3	162
9	$2Na_3AlF_{6(s)} + 3H_2O_{(g)} = 2AlF_{3(s)} + 6NaF_{(s)} + 3H_2O_{(g)}$	0.57	2.70	11.40
10	$2NaAlF_{4(s)} + 3H_2O = Al_2O_{3(s)} + 2NaF_{(s)} + 6HF_{(g)}$	1.67×10^{-13}	7.24×10^{-4}	0.40

2.3.3　砖瓦生产中氟化物逸出特性

2.3.3.1　黏土中氟的存在形态

制砖黏土中的氟主要存在于黏土矿物中，各类黏土矿中都含不同量的氟，一般以伊利石类氟含量较高，其次为蒙脱石，高岭石最低。其中所含的氟主要来自长石类、云母类、辉石类及角闪石类等原生硅酸盐矿物。在一些含 OH 基的原生硅酸盐矿物中固定着较多的氟，这主要是由于 F^- 离子的半径非常接近于 OH^- 离子的半径，大量的 F^- 可以置换出其中的 OH^-，形成以下一些矿物：普通角闪石 $(Ca, Na)_{23}(Mg, Fe, Al)_5 [(Si, Al)_4O_{11}]_2(OH, F)_2$、白云母 $KAl_2[AlSi_3O_{10}]$ $(OH, F)_2$、金云母 $KMg_3 [AlSi_3O_{10}] (OH, F)_2$、蛇纹石 $Mg_6 [Si_4O_{10}]$ $(OH, F)_8$、氟磷灰石 $Ca_{10}(PO_4)_6(OH, F)_2$。在风化过程中，存在于原生硅酸盐矿物中的氟大多数随之转入黏土矿物。另外，部分含氟原生硅酸盐矿物（如角闪石），还以矿物颗粒形式直接参与构成制砖黏土[57,58]。

2.3.3.2　砖瓦生产中氟化物逸出机理

在制砖过程中，黏土中的氟主要以 HF、SiF_4 等气态氟化物排入大气，对周围环境造成危害。黏土中氟主要以 F^- 形式通过置换 OH^- 而存在于黏土矿物的晶格结构中，当黏土矿物加热至 500～600℃时，发生脱羟基作用，释放出结构水；相应地存在于矿物晶格中的 F^- 也会随之发生类似释放出结构水反应形成 HF[59,60]，如式（2-7）和式（2-8）所示：

$$黏土-OH^- + 黏土-F^- \longrightarrow HF\uparrow + 黏土-O^{2-} \qquad (2-7)$$

$$H^+ + 黏土-F^- \longrightarrow HF \qquad (2-8)$$

黏土发生脱羟基作用后，产生的孔隙水、分子吸附水、层间水及结构水还会通过如下反应形成 HF，如式（2-9）所示：

$$H_2O + 黏土-F^- \longrightarrow 黏土-OH^- + HF \qquad (2-9)$$

随着焙烧温度提高，脱羟基作用增强，氟逸出量也随之增加。因黏土中 SiO_4 四面体结构高温下较稳定，SiF_4 不易直接形成，逸出的氟化物以 HF 为主（占90%以上），SiF_4 主要由逸出的 HF 再与黏土中含硅成分反应产生。

在氟的逸出过程中，气态反应物（如 H_2O）对 HF、SiF_4 的生成及其在砖坯体内的扩散起重要作用，其扩散主要取决于砖坯孔隙结构，如孔隙率、孔连通性等。一般情况下，烧结是引起砖坯孔隙结构变化的重要因素[61,62]。

González[63] 发现隧道窑中存在"氟循环"，即焙烧带和烧成带（800～1000℃）逸出的氟随烟气经过预热带时，部分与砖坯中的 CaO 反应形成 CaF_2，其余的则经烟囱排入大气，反应程度与烟气中氟浓度、砖坯矿物组成（特别是 CaO 含量）有关。砖坯进入焙烧带、烧成带烧制时，部分 CaF_2 发生分解重新释放出气态氟化物，其中窑内水蒸气含量对 CaF_2 分解有较大影响。氟循环的存在可使最终氟逸出量降低，同时因窑内不同位置处的砖坯与烟气接触程度不同，使氟逸出率存在较大差异[64]。

2.3.3.3　减少氟逸出量的措施

除了利用烟气净化方法外，还可通过改进制砖工艺及添加钙基物料、熔剂性粉料降低氟的逸出量。

（1）改进制砖工艺。结合氟的逸出特性，采取以下改进措施可减少氟的逸出量[64,65]：

1）尽量采用低氟原料；

2）严格控制坯体入窑含水量及减少焙烧窑炉内的空气过剩系数；

3）尽量延长预热带（增加窑车），加强预热带气流的循环（增加循环气幕）及改变坯垛码放形式等措施，以增强坯体对氟化物的吸附；

4）最大可能地降低最高烧成温度及最终焙烧保温时间，缩短氟主要逸出温度范围所对应的焙烧时间，并促使制品表面快速烧结。

通过采取上述改进措施，在某些情况下可将 60% 以上的氟抑制于烧结制品中。

（2）采用添加剂抑制氟的逸出。基于制砖黏土中 CaO 对氟逸出存在抑制作用，在制砖原料中添加适量钙基物料特别是钙基工业废渣，使它与砖坯烧制过程中逸出的氟反应生成高温下不易分解的 CaF_2，从而将氟固定在成品砖中，其原理与型煤固硫、炉内高温脱硫相似。添加适量钢渣、碱渣、白泥、电石渣等工业废渣及方解石、白云石可有效抑制氟的析出，且对砖制品质量没有不利影响[66]。

2.3.4 燃煤过程中氟化物生成机理

氟是煤中含量很低的一种有害微量元素，一般含量为 $100 \sim 300\mu g/g$，我国平均值为 $200\mu g/g$，但其燃烧产物气体 HF 却是对人类和动植物危害最为严重的一种燃煤污染物。

2.3.4.1 煤中氟化物的赋存形态

齐庆杰[67] 的研究结果指出，煤中氟主要以无机矿物的形式存在，氟磷灰石类矿物是煤中氟的主要赋存形式，其他无机物还有氟石、电气石、黄玉、角闪石和云母等。煤中氟含量和含氟矿物的种类随煤种的不同变化较大，主要取决于煤的产地以及煤化作用的复杂条件等。

2.3.4.2 燃煤过程中氟化物生成机理分析

齐庆杰[67] 还对燃煤过程中氟化物生成机理进行了分析研究，认为煤中氟化物的分解转化不仅与燃烧条件有关，而且与煤中氟化物的赋存形态有关。在燃煤过程中，首先是煤粒被加热，水分蒸发，然后是煤大分子开始断裂形成挥发分及挥发分着火、燃烧。在此阶段，煤中以非类质同象形式呈离子态吸附于矿物和煤颗粒表面及吸附水溶液中的无机氟，在较低温度条件下将随煤和矿物脱吸附水或结构水而脱出 F^-，通过如下反应历程生成 HF，如式（2-10）~ 式（2-12）所示。

脱 F^- 反应：

$$OH^- + F^- \Longrightarrow (OH^-)^* + (F^-)^* \Longrightarrow HF + O^{2-} \qquad (2-10)$$

$$H^+ + F^- \Longrightarrow (H^+)^* + (F^-)^* \Longrightarrow HF \qquad (2-11)$$

$$H_2O + F^- \Longrightarrow OH^- + HF \qquad (2-12)$$

上述各式中 $(OH^-)^*$、$(H^+)^*$、$(F^-)^*$ 为活化态。

不同含氟矿物的热分解特性，如起始氟析出温度、不同加热温度下的氟析出率等均有差别。关于含氟矿物的热分解特性，角闪石在 800℃ 左右开始析出氟，1000℃ 时氟大部分析出；与角闪石相比，黑云母比较稳定，1000℃ 时才有少量的氟析出；白云母在 800℃ 已有 20% 左右的氟析出，1000℃ 时析出率达 70% 左右；

而磷灰石在200℃时就开始析出，800℃时已有50%左右的氟析出，当温度升至1000℃时不再有氟析出。

由此可见，以无机盐矿物形态存在于煤中的氟化物，均需在较高的温度条件下发生热分解反应[68~74]。因为以无机盐矿物形态存在于煤中的氟化物是煤中的氟的主要赋存形式，故在煤的高温燃烧阶段所析出的氟含量将占整个燃烧过程析出总氟含量的绝大部分。在此燃烧阶段，煤中无机盐含氟矿物可能主要通过如式（2-13）~式（2-15）所示一系列反应生成HF：

$$CaF_2 + H_2O \xrightarrow{850℃} CaO + 2HF \qquad (2-13)$$

$$MgF_2 + H_2O \xrightarrow{2700℃} MgO + 2HF \qquad (2-14)$$

$$CaF_2 + H_2O + SiO_2 \xrightarrow{2800℃} CaSiO_3 + 2HF \qquad (2-15)$$

对于被认为是煤中主要含氟矿物的氟磷灰石，在水蒸气的作用下可析出HF，但不同文献给出的起始氟析出温度差别较大。有的文献给出为200℃，而齐庆杰由实验得出的为730~750℃。分析其产生差别的原因，除了实验条件的差别外，可能是文献中采用的氟磷灰石中包含了羟基氟磷灰石$Ca_{10}(PO_4)_6(OH,F)$，而羟基氟磷灰石中的氟一般随矿物脱结构水作用而发生分解，分解温度较低。

燃煤过程中会产生大量矿物质，亦即灰分，主要是金属与非金属氧化物，其中SiO_2占灰成分的百分比可高达50%左右。在高温条件下，上述各反应过程生成的HF可与煤中的SiO_2发生如式（2-16）所示反应而生成SiF_4。

$$4HF + SiO_2 \Longrightarrow SiF_4 + 2H_2O \qquad (2-16)$$

2.4　含氟烟气除氟技术

目前含氟烟气治理技术分干法除氟、半干法除氟、湿法除氟，其中湿法除氟又分酸法和碱法。

2.4.1　干法除氟技术

干法除氟通常是采用碱性氧化物作吸附剂，通过固体表面的物理或化学吸附作用，将烟气中的HF、SiF_4、SO_2等污染物吸附在固体表面，而后利用除尘技术使之从烟气中去除。按吸附剂的种类，将干法除氟分为Al_2O_3法、$CaCO_3$法、CaO法等。

典型的输送床干法除氟工艺流程示意图如图2-1所示。吸附剂从料仓输送加料装置，连续均匀加入反应器内，含氟烟气与吸附剂颗粒在反应器内湍动混合，充分接触吸附除氟，而后烟气和吸附剂在气固分离设备中分离，净化后烟气排放。

干法除氟工艺技术具有工艺流程简单，操作方便，除氟效率高，不存在废水

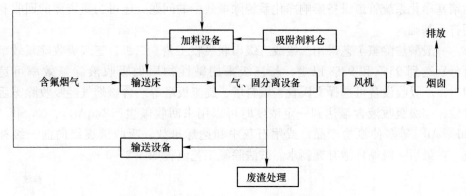

图 2 - 1 干法除氟工艺流程示意图

的二次污染, 避免了设备结垢和腐蚀问题以及吸附剂价廉易得等特点。

2.4.2 半干法除氟技术

半干法除氟就是在烟气处理过程中, 利用烟气中的含水率低于相同温度下的饱和含水率的性质, 通过喷水对烟气进行降温并增加温度, 使烟气中的酸性气体与加入系统的碱性物质进行反应, 生成物采用适宜的分离方法, 从烟气中去除, 从而达到净化目的的方法。

半干法除氟的基本工艺流程示意图如图 2 -2 所示。

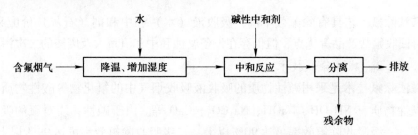

图 2 - 2 半干法除氟工艺流程示意图

半干法除氟作为一种成熟和高效的去除酸性气体的工艺, 具有去除效率高、运行费用低、对设备及管道无腐蚀、不产生酸雨等优点。

2.4.3 湿法除氟

湿法除氟又分酸法和碱法。

2.4.3.1 酸法除氟技术

酸法除氟工艺采用水 (H_2O) 做吸收剂, 循环吸收烟气中的 HF、SiF_4 而生成氢氟酸和氟硅酸, 吸收液是酸性, 待吸收液中氟达到一定浓度后, 将其排出加以回收利用或中和处理。酸法除氟工艺可以解决碱法除氟工艺存在的因硫酸钙结垢堵塞净化系统管道设备影响净化系统除氟效率的问题，还可为氟资源的回收利用打下基础。

　　一般酸法除氟工艺采用二级或三级串联吸收工艺，二级、三级吸收除氟效率可分别达到 95% 和 98% 以上，若三级采用碱性物质做吸收液除氟效率可达99.9%。吸收设备可选择文氏管、填料塔、旋流板塔等。含氟烟气经吸收除雾后排放，一级吸收液含氟达到一定浓度时可以用来回收氟生产 Na_3AlF_6、Na_2SiF_6、NaF、AlF_3 等多种氟盐产品，或用石灰中和达标排放。吸收液逐级向前一级补充，在最后一级循环池补充新水。酸法除氟工艺流程如图 2-3 所示。

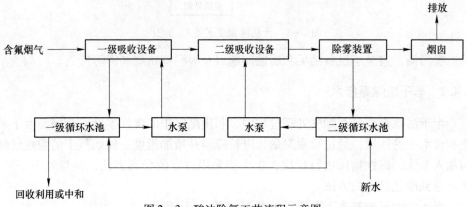

图 2-3　酸法除氟工艺流程示意图

　　酸法除氟工艺具有除氟效率高，吸收液（水）和中和剂（石灰）价廉易得，同时可回收氟盐产品等优点，但仍存在设备腐蚀和中和渣量大及废渣的二次污染。

2.4.3.2　碱法除氟技术

　　碱法除氟技术是采用碱性物质的吸收液吸收烟气中的氟化物等酸性物质，常用的碱性物质有 NH_4OH、NaOH、Na_2CO_3、CaO 等。由于碱性物质对氟的吸收效率很高，一级吸收除氟效率可达 90% 以上，二级吸收除氟效率可达 99% 以上。

　　碱法除氟工艺流程如图 2-4 所示。

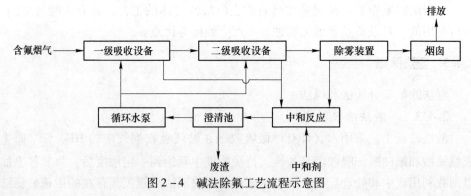

图 2-4　碱法除氟工艺流程示意图

　　碱法除氟工艺具有除氟效率高、工艺成熟、技术可靠等优点。由于碱法除氟一般采用廉价的石灰作中和剂，若烟气中含有 SO_x 会产生钙盐结垢问题。

2.5　含氟铁精矿除氟工艺方法

　　目前，包钢烧结球团含氟烟气的处理主要通过烟气脱硫设备来完成。包钢烧结烟气中 SO_2 浓度为 $3000 \sim 5000 mg/m^3$，同时含有 HF 约 $100 mg/m^3$ 左右，除此之外，还包括少量 NO_x 和粉尘。

　　包钢炼铁厂烧结车间现有 5 台烧结机，其中一烧车间采用 LJS 烧结干法脱硫工艺，三烧车间和四烧车间均采用石灰石－石膏湿法脱硫技术。经处理后，脱硫塔出口 SO_2 和 HF 浓度分别不高于 $100 mg/m^3$ 和 $6 mg/m^3$。

2.5.1　脱硫工艺过程

　　LJS 烧结干法脱硫工艺原理是将生石灰消化后引入脱硫塔内，在流化状态下与通入的烟气进行脱硫反应，烟气脱硫后进入布袋除尘器除尘，再由引风机经烟囱排出，布袋除尘器除下的物料大部分经吸收剂循环输送槽返回流化床循环使用。由于循环流化使脱硫剂整体形成较大反应表面，脱硫剂与烟气中的 SO_2 充分接触，故脱硫效率较高。

　　LJS 烧结干法脱硫工艺流程如图 2－5 所示。LJS 烧结干法脱硫工艺系统主要由吸收剂供应系统、脱硫塔、物料再循环、工艺水系统、脱硫后除尘器以及仪表控制系统等组成。

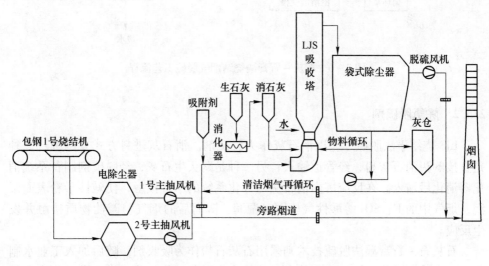

图 2－5　LJS 烧结干法脱硫工艺流程

石灰石－石膏法脱硫工艺过程中，烧结烟气经工艺水及浆液两级冷却后进入吸收塔烟气分配器，分配后烟气通过曝气管喷入吸收塔浆池，并在浆池液面形成稳定的鼓泡层；在鼓泡层中，气相高度分散到液相中，较大的气液接触面积以及较高传热和传质效率为烟气中的 SO_2 与浆液的反应创造了良好的热力学和动力学条件，而且烟气在液体中鼓泡时有类似水膜除尘的效果，尤其对 $1\mu m$ 以下的粉尘效果更明显；同时净烟气再经过两级除雾器脱除大量雾滴后通过脱硫烟囱排放。

如图 2-6 所示，整个系统主要由石灰石浆液制备系统、烟气系统、SO_2 吸收系统排空及事故浆液系统、石膏脱水系统、工艺水系统、水处理系统、杂用和仪用压缩空气系统等组成。

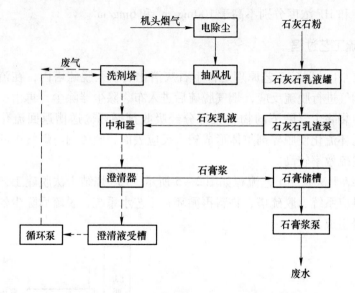

图 2-6　石灰－石膏法烧结烟气脱硫工艺流程

2.5.2　除氟脱硫剂

LJS 烧结干法脱硫工艺以消石灰作为脱硫剂。消石灰进料方式有两种：一种是直接购买消石灰粉，经管道输入；另一种是购买生石灰，经脱硫剂制备系统消化器消化后输入。在反应塔内消石灰与雾化系统的水雾接触，使碱性干粉表面湿润，烟气中的 F、SO_2 等酸性气体同时湿润，湿润后的烟气与碱性物质接触并发生反应。

石灰石－石膏湿法脱硫技术则采用石灰石粉作为吸收剂，随后加入工业水制备成一定浓度的浆液，然后经管道通过喷头将石灰石浆液喷至脱硫塔吸收塔中与烧结烟气进行反应。

2.5.3 除氟脱硫副产品

LJS 烧结干法脱硫工艺除氟脱硫的副产品主要有 $CaSO_3 \cdot 0.5H_2O$、$CaSO_4 \cdot 0.5H_2O$、CaF_2、$CaCO_3$、$CaCl_2$ 及未反应的 $Ca(OH)_2$ 和杂质等。目前包钢一烧车间脱硫副产品均作为废物堆放。

石灰石 – 石膏湿法脱硫的副产物主要是石膏、废水、污泥。石膏纯度达 90% 以上，包钢烧结脱硫系统产生的副产物石膏一方面因烧结烟气成分复杂、含尘量较高等因素；另一方面因石灰石利用率低，石膏中含有的游离钙离子较高，性能极不稳定，不能用于制造水泥和填补路基，所以作为废弃物堆放在四烧北侧的空地上。污泥是一种二次固体污染物，作为废弃物处理。

2.5.4 除氟脱硫成本

干法烟气除氟脱硫工艺处于干相，不存在饱和、过饱和液相腐蚀问题，维护费用低，该技术运行稳定可靠，运行和检修费用低；缺点是原燃料中 S 含量高时，脱硫剂消耗量大、成本高。包钢炼铁厂一烧车间脱硫成本 26 元/t_{烧结矿}。

与 LJS 烧结干法脱硫工艺相比石灰石 – 石膏湿法脱硫存在设备腐蚀严重，维护工作量大，费用高等缺点；而且每小时有 $300m^3$ 泥浆水排入尾矿库，水资源浪费严重，也对净化系统设备造成腐蚀问题；而且结垢堵塞严重，影响净化系统的作业率。包钢炼铁厂三烧车间脱硫成本 15.6 元/t_{烧结矿}。

3 简单氧化物与氟化钙相 互作用的热力学分析

在探明白云鄂博矿中含铁矿物、脉石、氟及钾、钠的赋存状态后，经过选矿工艺的不断改进，白云鄂博铁精矿的品位达到了铁矿粉造块的要求。同时，精矿中氟含量大幅下降，钾、钠含量也有所下降。1997 年以后，白云鄂博铁精矿中铁品位提高到 62% ~ 62.5%，$w(F)$ 降低到 0.6% ~ 0.7%，氧化钾和氧化钠含量均为 0.2% ~ 0.3% 的水平。

目前，包钢的烧结及球团生产均以自产精矿为主，但通过降低其中氟含量减轻有害元素对烧结矿、球团矿质量影响的相关研究不足，对白云鄂博铁精矿焙烧过程中气态氟化物生成的理论研究仍相对欠缺。因此，本章将对白云鄂博铁精矿中脉石成分以简单氧化物形式与含氟矿物之间相互作用的热力学性质展开研究。

针对简单氧化物与氟化钙相互作用的热力学分析，采用了热力学计算与焙烧实验相结合的方法。通过对焙烧产物进行物相分析，并结合差热 – 热重分析，确定了各含氟体系氟化反应的热力学性质。而且，在以后的章节的分析中还提供了不同含氟体系焙烧过程尾气中氟元素含量和尾气吸收液中各元素的含量，结合这些实验数据可以进一步证实研究结论的可靠性。

3.1 简单氧化物与氟化钙作用的热力学计算

白云鄂博铁精矿脉石中的含氟矿物以萤石为主，同时还包括 Fe_2O_3、SiO_2、Al_2O_3、MgO、K_2O 和 Na_2O 等其他组分。焙烧过程中，萤石与其他组分之间可能发生化学反应。

研究过程中首先针对铁精矿焙烧温度范围，根据《无机化合物热力学手册》[75] 提供的数据以及 FactSage 6.4 数据库，对标准状态及非标准状态下，氟化物生成反应的吉布斯自由能（$\Delta_r G_m$）进行热力学计算，由此来判断多种氟化物生成的可能性。

然后采用德国耐驰 STA 449 综合热分析仪，将化学纯试剂 CaF_2 分别与 Fe_2O_3、SiO_2、Al_2O_3、MgO、K_2CO_3 和 Na_2CO_3 按比例混合，研磨至 0.074mm 以下。在 Ar 气氛下，以 10℃/min 的升温速率由室温升至 1350℃，进行差热 – 热重（DTA – TG）分析，以确定氟化物可能生成的温度范围。然后，在上述温度下对 CaF_2 与简单氧化物的混合物在干燥空气下进行焙烧，并采用 PHILPS – PW1700

型 X 射线衍射仪，对焙烧后试样的矿物组成进行分析，从而确定白云鄂博铁精矿脉石组分以简单化合物形式与氟化钙反应的热力学条件。

3.1.1 标准状态下氟化物的生成

《无机化合物热力学数据手册》是一部由东北大学梁英教、车荫昌教授主编，于 1993 年出版的有关热平衡和热力学计算的工具书，书中提供了近 2000 种无机物各种温度的热力学函数（C, H, S, G），1000 多个重要反应的 $\Delta G = A + BT$ 关系式，二元合金热力学性质，无机物的蒸气压，1200 多种无机物在水中各温度下的溶解度和溶度积等数据。

计算过程中，首先针对铁精矿焙烧温度范围，根据《无机化合物热力学数据手册》提供的数据，计算了标准状态下 1000℃、1200℃ 及 1400℃ 温度条件下，CaF_2 分别与简单氧化物 Fe_2O_3、SiO_2、Al_2O_3、MgO、K_2O、Na_2O 之间相互作用的反应自由能变化（$\Delta G^\ominus$），见表 3-1。

表 3-1　标准状态下简单氧化物与 CaF_2 作用的 $\Delta G^\ominus$　　（kJ/mol）

反应编号	化学反应方程式	1000℃	1200℃	1400℃
1	$3CaF_2 + Fe_2O_3 = 3CaO + 2FeF_3(g)$	181.22	158.85	137.67
2	$4CaF_2 + Fe_3O_4 = 4CaO + 2FeF_3(g) + FeF_2$	181.19	165.39	173.09
3	$CaF_2 + FeO = CaO + FeF_2$	159.52	162.32	164.56
4	$2CaF_2 + SiO_2 = 2CaO + SiF_4(g)$	150.28	135.95	122.49
5	$2CaF_2 + 3SiO_2 = 2(CaO \cdot SiO_2) + SiF_4(g)$	61.17	45.50	34.04
6	$2CaF_2 + 2SiO_2 = (2CaO \cdot SiO_2) + SiF_4(g)$	84.29	68.13	54.96
7	$6CaF_2 + 5SiO_2 = 2(3CaO \cdot SiO_2) + 3SiF_4(g)$	109.75	93.71	80.28
8	$6CaF_2 + 7SiO_2 = 2(3CaO \cdot 2SiO_2) + 3SiF_4(g)$	76.20	60.22	47.61
9	$3CaF_2 + Al_2O_3 = 3CaO + 2AlF_3$	140.90	142.03	143.71
10	$CaF_2 + MgO = CaO + MgF_2$	64.15	54.52	65.28
11	$CaF_2 + K_2O = CaO + 2KF$	-187.31	-198.76	—
12	$CaF_2 + Na_2O = CaO + 2NaF$	-137.35	-134.17	-135.62

注：根据《无机化合物热力学数据手册》提供的数据，"—"表示《无机化合物热力学数据手册》中无相关数据。

由表 3-1 可以看出，对于 CaF_2 与其他简单氧化物的化学反应，标准状态及 1000℃、1200℃ 及 1400℃ 温度条件下，只有 CaF_2 与 K_2O、Na_2O 之间反应的 $\Delta G^\ominus$ 小于零，其他均大于零。因此，可以确定标准状态下，CaF_2 与 K_2O、Na_2O 作用能够生成氟化物，产物分别为 KF、NaF，其化学反应式如表 3-1 中化学反应方程式（11）和式（12）所示。而且，由于 $\Delta G^\ominus_{(11)} < \Delta G^\ominus_{(12)}$，可以确定该条件下反

应（11）比反应（12）容易发生。

另外，根据 FactSage 6.4 热力学数据库对标准状态 CaF_2 分别与简单氧化物 Fe_2O_3、SiO_2、Al_2O_3、MgO、K_2O、Na_2O 之间的相互作用进行了热力学计算，其结果见表 3 - 2。

表 3 - 2 FactSage 6.4 热力学数据库标准状态下简单氧化物与 CaF_2 作用的 $\Delta G^\ominus$ （kJ/mol）

反应编号	化学反应方程式	1000℃	1200℃	1400℃
1	$3CaF_2 + Fe_2O_3 = 3CaO + 2FeF_3(g)$	157.72	137.60	119.46
2	$4CaF_2 + Fe_3O_4 = 4CaO + 2FeF_3(g) + FeF_2$	166.45	151.88	138.20
3	$CaF_2 + FeO = CaO + FeF_2$	161.91	161.95	160.12
4	$2CaF_2 + SiO_2 = 2CaO + SiF_4(g)$	68.47	62.26	56.94
5	$2CaF_2 + 3SiO_2 = 2(CaO \cdot SiO_2) + SiF_4(g)$	49.21	37.13	26.08
6	$2CaF_2 + 2SiO_2 = (2CaO \cdot SiO_2) + SiF_4(g)$	69.26	55.25	42.76
7	$6CaF_2 + 5SiO_2 = 2(3CaO \cdot SiO_2) + 3SiF_4(g)$	92.34	78.50	66.31
8	$6CaF_2 + 7SiO_2 = 2(3CaO \cdot 2SiO_2) + 3SiF_4(g)$	60.47	47.68	36.47
9	$3CaF_2 + Al_2O_3 = 3CaO + 2AlF_3$	148.88	151.36	142.17
10	$CaF_2 + MgO = CaO + MgF_2$	70.24	71.72	69.27
11	$CaF_2 + K_2O = CaO + 2KF$	−179.67	−182.11	−183.06
12	$CaF_2 + Na_2O = CaO + 2NaF$	−126.57	−128.27	−124.30

注：FactSage 6.4 热力学软件计算结果。

FactSage 是世界上化学热力学领域中完全集成数据库最大的计算系统之一，创立于 2001 年，是 FACT - Win/F * A * C * T 和 ChemSage/SOLGASMIX 两个热化学软件包的结合。FactSage 软件运行于 Microsoft Windows 平台的个人计算机上，由一系列信息、数据库、计算及处理模块组成，这些模块使用各种纯物质和溶液数据库。FactSage 可以自动使用的热力学数据包括数千种纯物质数据库，评估及优化过的数百种金属溶液、氧化物液相与固相溶液、锍、熔盐、水溶液等溶液数据库。FactSage 同时可以使用国际上 SGTE 的合金溶液数据库，以及 The Spencer Group、GTT - Technologies 和 CRCT 所建立的钢铁、轻金属和其他合金体系的数据库，并提供了与 OLI Systems Inc. 的水溶液数据库的链接。利用 FactSage，用户可以计算多种约束条件下的多元多相平衡组成，计算结果可以以图形或表格的形式输出[76-78]。

在表 3 - 2 中，只有 K_2O 和 Na_2O 与 CaF_2 反应的 $\Delta G^\ominus$ 小于零。因此，标准状态下，1000℃、1200℃ 及 1400℃ 温度条件下，只有 KF 和 NaF 能够生成，并且 $\Delta G^\ominus_{(11)}$ 亦小于 $\Delta G^\ominus_{(12)}$，即 KF 比 NaF 在上述条件下更容易生成。

而且，将表 3 - 2 中数据与表 3 - 1 进行对比，可以看出，根据热力学数据库 FactSage 6.4 所得结果与根据无机化合物热力学手册提供数据进行计算，所得结果很相近。因此，可以断定上述两种分析方法是可靠的，分析所得结果也是可信的。

上述反应的标准自由能变化值（$\Delta G^{\ominus}$）与温度（T）的关系如图 3 – 1 所示。从图 3 – 1 中可以看出，标准状态下，KF 和 NaF 生成的倾向远大于其他氟化物，且 KF 生成的可能性稍大于 NaF，而且 KF 和 NaF 可能生成的趋势受温度影响不明显。

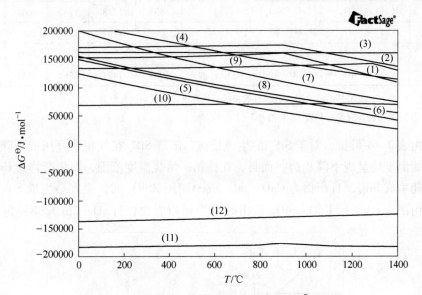

图 3 – 1　标准状态下氟化物生成反应的 $\Delta G^{\ominus} - T$ 图

3.1.2　非标准状态下氟化物的生成

进一步考查表 3 – 1 和表 3 – 2 中的 $\Delta G^{\ominus}$ 值，可以看出，除 $\Delta G^{\ominus}_{(11)}$ 和 $\Delta G^{\ominus}_{(12)}$ 为负值之外，与 CaF_2 和 SiO_2 相互作用相关的 $\Delta G^{\ominus}$ 值相对来说也较小。另外，考虑到不同氟化物的熔点、沸点及挥发性存在差异，故非标准状态下简单氧化物与 CaF_2 反应的自由能变化会不同于其标准状态下的 $\Delta G^{\ominus}$ 值。

某些氟化物的熔点、沸点及蒸气压见表 3 – 3[79]。由表 3 – 3 可以看出，SiF_4 的熔点及沸点很低，在室温下即为气体，其挥发性均大于其他氟化物。

表 3 – 3　典型挥发性氟化物的物理性质

氟化物	KF	NaF	SiF_4	AlF_3
熔点/℃	858	993	– 90.2	1040
沸点/℃	1505	1704	– 65	1272
蒸气压/kPa	0.13(885℃)	0.13(1077℃)	3720(– 14℃)	0.13(1238℃)

非标准状态下，即 SiF_4 在体系中的分压小于 0.1MPa 的情况下，SiF_4 生成的相关反应的开始温度将有所下降，计算结果见表 3 – 4。

表 3 - 4　不同气相分压条件下 SiF_4 开始反应温度　　　　（℃）

反应编号	化学反应方程式	SiF_4 在气相中的分压				
		10kPa	1kPa	100Pa	10Pa	1Pa
4	$2CaF_2 + SiO_2 = 2CaO + SiF_4(g)$	—	—	—	2190	1843
5	$2CaF_2 + 3SiO_2 = 2(CaO \cdot SiO_2) + SiF_4(g)$	1633	1318	1142	1005	894
6	$2CaF_2 + 2SiO_2 = (2CaO \cdot SiO_2) + SiF_4(g)$	—	1567	1341	1189	1070
7	$6CaF_2 + 5SiO_2 = 2(3CaO \cdot SiO_2) + 3SiF_4(g)$	—	—	1669	1425	1273
8	$6CaF_2 + 7SiO_2 = 2(3CaO \cdot 2SiO_2) + 3SiF_4(g)$	1904	1477	1262	1113	996

注：1. "—"表示开始反应温度已超过铁精矿焙烧温度，故无须进行计算。

　　2. 表中的反应编号与表 3 - 1 和表 3 - 2 中的一致。

由表 3 - 4 可见，对于 SiF_4 的生成反应，随着 SiF_4 在气相中分压的下降，反应开始温度均呈现下降趋势。而且，在铁精矿焙烧温度范围，固相产物为 CaO 时不可能生成 SiF_4，且产物为 $CaO \cdot SiO_2$ 或 $3CaO \cdot 2SiO_2$ 时，更容易生成 SiF_4。但是，由图 3 - 2 所示 $CaO - SiO_2$ 系相图[80,81]可以看出，$3CaO \cdot 2SiO_2$ 不稳定，在

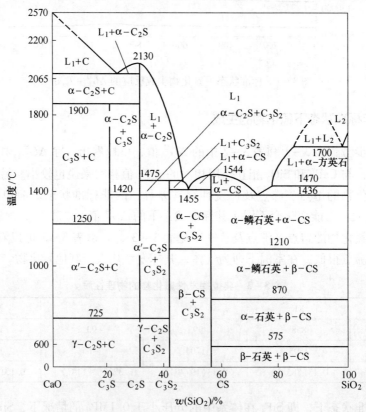

图 3 - 2　$CaO - SiO_2$ 系相图

1475℃发生分解，生成液相及 $2CaO \cdot SiO_2$。且固相产物为 $3CaO \cdot SiO_2$ 时，SiF_4 在气相中的分压为 1Pa 时，要求体系温度达到 1273℃反应才能发生。因此，对于 SiO_2 的氟化反应，固相产物为 $CaO \cdot SiO_2$ 或 $2CaO \cdot SiO_2$ 的可能性更大。

对于氟化物生成反应式（3-1）～反应式（3-5），当氟化物分压为 1Pa 时，反应开始温度均高于铁精矿焙烧温度，分别为 1494℃、1610℃、1576℃、1657℃、1437℃。所以，白云鄂博铁精矿焙烧过程生成 FeF_3、FeF_2、AlF_3、MgF_2 的可能性很小。

$$3CaF_2 + Fe_2O_3 =\!=\!= 3CaO + 2FeF_3 \qquad (3-1)$$

$$4CaF_2 + Fe_3O_4 =\!=\!= 4CaO + 2FeF_3 + FeF_2 \qquad (3-2)$$

$$CaF_2 + FeO =\!=\!= CaO + FeF_2 \qquad (3-3)$$

$$3CaF_2 + Al_2O_3 =\!=\!= 3CaO + 2AlF_3 \qquad (3-4)$$

$$CaF_2 + MgO =\!=\!= CaO + MgF_2 \qquad (3-5)$$

因此，通过对上述氟化物生成反应的热力学计算，可以推断白云鄂博铁精矿焙烧过程中可能生成的氟化物有 KF、NaF 和 SiF_4。

3.2 简单氧化物与氟化钙的相互作用

3.2.1 K_2CO_3 - CaF_2 体系

图 3-3 所示为化学纯试剂 K_2CO_3 与 CaF_2（摩尔比为 1:1）混合物升温过程的 DTA - TG 曲线；图 3-4 所示为化学纯试剂 K_2CO_3 升温过程的 DTA - TG 曲线。在升温过程中，为了消除 K_2CO_3 气态分解产物 CO_2 的逸出对体系失重量的影响，将图 3-3 与图 3-4 进行对照，可进一步明确氟化物生成的温度范围。

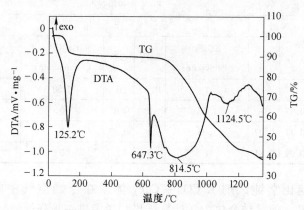

图 3-3 化学纯试剂 K_2CO_3 - CaF_2 体系升温过程 DTA - TG 曲线

由图 3-4 可以看出，K_2CO_3 在 640.7～1033.3℃范围内，峰值温度为

779.1℃时有吸热反应发生，伴随着明显失重，约为 27.56%，与图 3-3 在上述温度范围内存在相同之处。但当温度升至 1014.1℃以上，两者的 DTA-TG 曲线出现了明显的差异。图 3-3 中，K_2CO_3 - CaF_2 体系在 1078.7~1210.8℃温度范围内，峰值温度为 1124.5℃下有吸热反应发生。

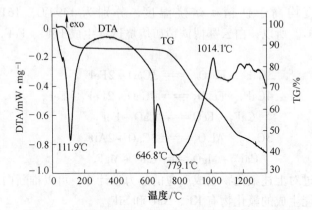

图 3-4 化学纯试剂 K_2CO_3 升温过程 DTA-TG 曲线

采用 FactSage 热力学软件的 Equilib 模式计算不同温度下 1mol K_2CO_3 与 1mol CaF_2 混合物的平衡组分，结果如表 3-5 所示。从表 3-5 中可以看出，800~1400℃温度范围内，800℃下无气相和液相生成；随着温度的升高，1000℃时 K_2CO_3 分解出 0.67mol CO_2 气体；1200℃平衡体系气相中 KF 达到 0.07mol；随着温度继续升高平衡体系气相中 KF 增加，1400℃达到 0.81mol，而且平衡体系中同时伴随有 $KCaF_3$ 和 CaO 生成。

表 3-5 K_2CO_3 - CaF_2 体系的平衡相组成（标准状态下）

K_2CO_3(1mol) + CaF_2(1mol)	平衡相组成/mol							
	气相		固　相					液相
	CO_2	KF	$KCaF_3$ (Perovskite)	CaF_2	CaO	$K_2Ca(CO_3)_2$ (Fairchildite)	$K_3F(CO_3)$	K_2CO_3
800℃	0	0	1	0.50	0	0.50	0	0
1000℃	0.67	0	1.33	0	0.67	0	0	0.33
1200℃	0.77	0.07	1.23	0	0.77	0	0.23	0
1400℃	0.99	0.81	1	0	1	0	0	0

因此，确定化学纯试剂 K_2CO_3 - CaF_2 体系在干燥空气中的焙烧温度为 1000℃及 1200℃，但是结合热力学计算结果，考虑进一步降低焙烧温度，增加焙烧温度点 800℃。K_2CO_3 与 CaF_2 混合物在干燥空气中 800℃、1000℃及 1200℃下焙烧产物的 XRD 分析结果如图 3-5~图 3-7 所示。

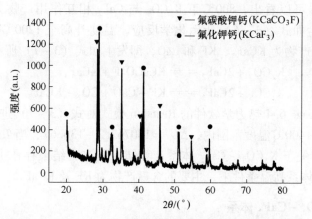

图 3-5 K_2CO_3-CaF_2 体系 800℃焙烧产物 XRD 分析结果

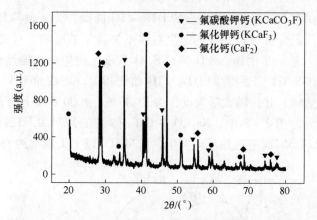

图 3-6 K_2CO_3-CaF_2 体系 1000℃焙烧产物 XRD 分析结果

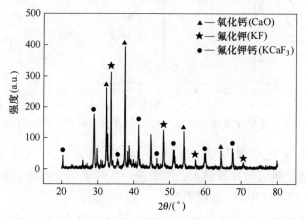

图 3-7 K_2CO_3-CaF_2 体系 1200℃焙烧产物 XRD 分析结果

由图 3 - 5 可以看出，800℃下 K_2CO_3 与 CaF_2 相互作用产物为 $KCaCO_3F$ 和 $KCaF_3$，即发生如式（3 - 6）所示化学反应。温度升高至 1200℃ 时，K_2CO_3 与 CaF_2 相互作用产物为 $KCaF_3$、KF 和 CaO，即发生如式（3 - 7）所示化学反应。

$$K_2CO_3 + 2CaF_2 \Longrightarrow KCaCO_3F + KCaF_3 \qquad (3 - 6)$$

$$K_2CO_3 + 2CaF_2 \Longrightarrow KF + CaO + CO_2 + KCaF_3 \qquad (3 - 7)$$

通过 FactSage 6.4 热力学软件的 Reaction 模式对式（3 - 7）进行计算，可得该反应在 25 ~ 1400℃ 温度范围内，$\Delta G^\ominus = 180762.2 - 136.6T$，当 $T = 1050.3$℃ 时，$\Delta G^\ominus = 0$。虽然关于 $K_2CO_3 - CaF_2$ 体系计算结果与实验结果存在少许不同之处，但均可证实该体系高温条件下，主要的含氟产物为 KF 及 $KCaF_3$。

3.2.2 $Na_2CO_3 - CaF_2$ 体系

图 3 - 8 和图 3 - 9 所示分别为化学纯试剂 Na_2CO_3 与 CaF_2（摩尔比为 1:1）混合物及化学纯试剂 Na_2CO_3 升温过程的 DTA - TG 曲线。为了消除纯试剂 Na_2CO_3 在升温过程中气态分解产物 CO_2 的逸出对体系失重量的影响，可将图 3 - 8 与图 3 - 9 进行对照，进一步明确 $NaCO_3 - CaF_2$ 体系氟化物生成的温度范围。通过比较可以看出，1000℃ 以下两者的 DTA - TG 曲线相似，均在 668.5 ~ 997.3℃ 温度范围内出现吸热峰，并伴随大量失重，为 23.17%；1000℃ 以上两者的 DTA - TG 曲线出现了差异，图 3 - 8 中，$Na_2CO_3 - CaF_2$ 体系在 1274.0 ~ 1291.1℃ 范围内，峰值温度为 1278.5℃ 时有吸热反应发生，1274.0℃ 以上失重率约为 10%。

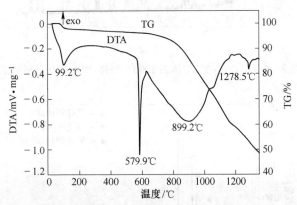

图 3 - 8 化学纯试剂 $Na_2CO_3 - CaF_2$ 体系升温过程 DTA - TG 曲线

因此，可确定化学纯试剂 $Na_2CO_3 - CaF_2$ 体系在空气中的焙烧温度为 1280℃，但是结合热力学计算结果，考虑进一步降低焙烧温度，确定焙烧温度点为 1100℃、1150℃、1200℃ 及 1280℃。

采用 FactSage 6.4 热力学软件的 Equilib 模式计算 $Na_2CO_3 - CaF_2$ 体系的平衡组分，结果见表 3 - 6。从表 3 - 6 中可以看出，1150 ~ 1300℃ 温度范围内，

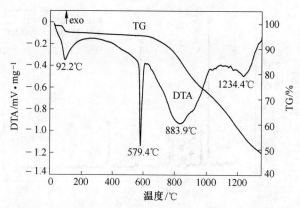

图 3 - 9 化学纯试剂 Na_2CO_3 升温过程 DTA - TG 曲线

1200℃ 附近开始有 NaF 生成，并且反应比较完全，CaF_2 全部转化成了 NaF，大部分的 NaF 存在于液相中，只有少部分进入气相；此时，Na_2CO_3 已完全分解释放出 CO_2 气体。

表 3 - 6 $Na_2CO_3 - CaF_2$ 体系的平衡相组成（标准状态下）

$Na_2CO_3(1mol)$ + $CaF_2(1mol)$	平衡相组成/mol					
	气相		固 相			液相
	CO_2	NaF	Na_2CO_3	CaF_2	CaO	NaF
1150℃	0	0	1	1	0	0
1200℃	1	0.02	0	0	1	1.98
1250℃	1	0.03	0	0	1	1.97
1300℃	1	0.05	0	0	1	1.95

Na_2CO_3 与 CaF_2 混合物在干燥空气中 1100℃、1150℃、1200℃ 及 1280℃ 温度下焙烧产物的 XRD 分析结果如图 3 - 10 ~ 图 3 - 13 所示。由图 3 - 10 可以看出，Na_2CO_3 与 CaF_2 混合物在 1100℃ 下焙烧，体系没有新物质生成；1150℃ 以上 Na_2CO_3 与 CaF_2 混合物体系中有 NaF 和 CaO 生成。所以，$Na_2CO_3 - CaF_2$ 体系的化学反应可以用式（3 - 8）表达。

$$Na_2CO_3 + CaF_2 = 2NaF + CaO + CO_2 \qquad (3 - 8)$$

通过 FactSage 6.4 热力学软件的 Reaction 模式对式（3 - 8）进行计算，可得该反应在 1000 ~ 1700℃ 温度范围内，$\Delta G^{\ominus} = 156520.0 - 106.8T$，当 $T = 1192.5℃$ 时，$\Delta G^{\ominus} = 0$。

分析 $Na_2CO_3 - CaF_2$ 体系在干燥空气中焙烧，开始产生 NaF 的温度（1150℃ 附近）低于热力学计算结果（1200℃ 附近）的原因，在于实际焙烧过程气相中 NaF 的分压几乎为零，而计算条件下气相中 NaF 的分压为 0.1MPa。

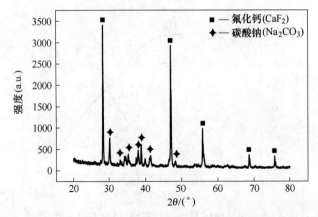

图 3 – 10　Na_2CO_3 – CaF_2 体系 1100℃ 焙烧产物的 XRD 分析结果

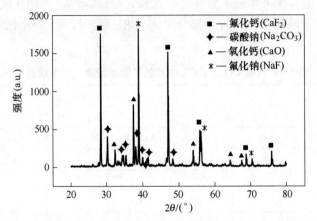

图 3 – 11　Na_2CO_3 – CaF_2 体系 1150℃ 焙烧产物的 XRD 分析结果

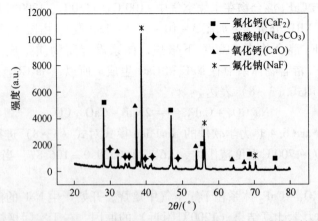

图 3 – 12　Na_2CO_3 – CaF_2 体系 1200℃ 焙烧产物的 XRD 分析结果

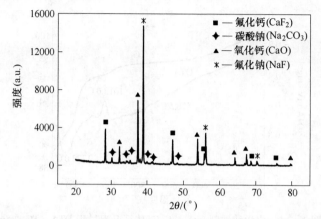

图 3-13 Na_2CO_3-CaF_2 体系 1280℃焙烧产物的 XRD 分析结果

通过比较 K_2O 与 CaF_2 生成 KF 的化学反应（式（3-7））和 Na_2O 与 CaF_2 生成 NaF 的化学反应（式（3-8）），可以看出 K_2O 与 CaF_2 相互作用除生成 KF 之外，还伴随生成 $KCaF_3$，而 Na_2O 与 CaF_2 作用直接生成 NaF。存在此差别的原因在于，尽管 K_2O 与 Na_2O 均属于强碱性金属氧化物，但由于元素 K 的原子序数为 19 与 Ca 的原子序数 20 很接近，失去电子后形成 K^+ 和 Ca^{2+} 的离子半径也很接近，而且 KF 和 CaF_2 均为立方晶体，而 NaF 为八面体结构，因此，KF 容易与 CaF_2 聚合形成复杂化合物。

3.2.3 SiO_2-CaF_2 体系

图 3-14 为化学纯试剂 SiO_2 与 CaF_2（摩尔比为 1:1）混合物的升温过程 DTA-TG曲线。SiO_2-CaF_2 体系在 1216.8~1315.9℃温度范围内有吸热反应发生；峰值温度 1013.6℃时发生的放热反应为 CaF_2 的晶型转变温度。体系 988.0℃以上失重率约为 9.5%。因此，确定 SiO_2-CaF_2 体系在干燥空气中的焙烧温度为 1000℃及 1100℃。

图 3-15 和图 3-16 分别为 SiO_2-CaF_2 体系 1000℃和 1100℃焙烧产物的 XRD 检测结果。通过分析可以看出，1000℃温度条件下 SiO_2 不会与 CaF_2 相互作用生成新物质，但当焙烧温度升至 1100℃体系中生成假硅灰石（$CaO \cdot SiO_2$），说明 SiO_2 与 CaF_2 之间发生了相互作用，同时由于 SiF_4 在室温下即为气态，故不会通过 XRD 分析检测出来，但焙烧产物假硅灰石中的 CaO 必定来源于 SiO_2 与 CaF_2 之间氟化反应产物，且该反应同时伴随有 SiF_4 生成。因此，在干燥空气中，SiO_2-CaF_2 体系生成 SiF_4 的开始温度为 1100℃，同时伴随有假硅灰石生成，如式（3-9）所示。

$$3SiO_2 + 2CaF_2 = 2(CaO \cdot SiO_2) + SiF_{4(g)} \qquad (3-9)$$

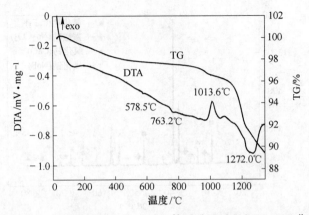

图 3 - 14　化学纯试剂 SiO_2 - CaF_2 体系升温过程 DTA - TG 曲线

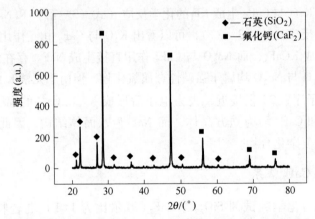

图 3 - 15　SiO_2 - CaF_2 体系 1000℃ 焙烧产物的 XRD 分析结果

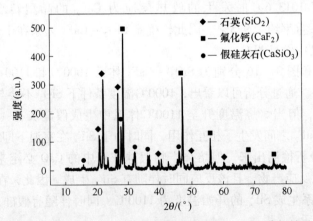

图 3 - 16　SiO_2 - CaF_2 体系 1100℃ 焙烧产物的 XRD 分析结果

图 3-17 所示为由热力学软件 FactSage 6.4 计算所得标准状态下表 3-1 中 $SiO_2 - CaF_2$ 体系生成 SiF_4 可能的转化形式（4）~（8）的标准吉布斯自由能 $\Delta G^\ominus$ 与温度的关系图。从图中可以看出，生成固相产物为 $CaO \cdot SiO_2$ 的反应（5）是最容易发生的，这是本书提出的，与以往普遍认为在 SiF_4 生成同时伴随有固相产物 CaO 的不同之处。而且，从表 3-4 可以看出，在铁精矿焙烧温度范围内，当气相分压为 100Pa 以下时，反应（3-9）可以发生，该结论与上述实验结果吻合。

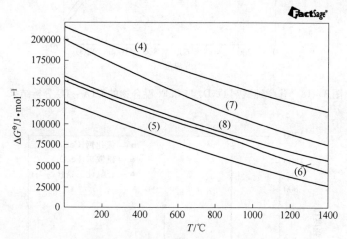

图 3-17　$SiO_2 - CaF_2$ 体系标准状态下 SiF_4 生成反应的 $\Delta G^\ominus - T$ 图

3.2.4　其他组分与 CaF_2 的相互作用

图 3-18 所示为化学纯试剂 Fe_2O_3 与 CaF_2 混合物的 DTA-TG 分析结果。图 3-18 中 1226.0℃的吸热峰伴随着 1.82% 的失重。经过热力学计算可以确定，当体系中氧分压为 1Pa 时，1050℃以上 Fe_2O_3 可以分解为 Fe_3O_4 和 O_2。由于差热-热重分析过程是在氩气气氛下进行的，故 1226.0℃下出现的变化应为 Fe_2O_3 分解为 Fe_3O_4 和 O_2 的化学反应。图 3-18 中 1009.5℃出现的放热峰为 CaF_2 的晶型转变温度。

图 3-19 所示为化学纯试剂 Fe_2O_3 与 CaF_2 混合物在 1300℃下焙烧后的 XRD 检测结果。从 XRD 检测结果可以看出，体系中无氟化物生成，而是出现了 Fe_3O_4。因此，可以得出结论，Fe_2O_3 与 CaF_2 体系在干燥空气中焙烧不会有氟化物生成。

图 3-20 所示为化学纯试剂 MgO 与 CaF_2 混合物的 DTA-TG 分析结果。图 3-20 中 1020.1℃为 CaF_2 晶型转变温度，1340.5℃为体系熔化温度。图 3-21 所示为 MgO 与 CaF_2 混合物 1300℃焙烧产物 XRD 分析结果。从图 3-21 可以看出，纯试剂 MgO 与 CaF_2 混合物在 1300℃下焙烧无新物质生成。

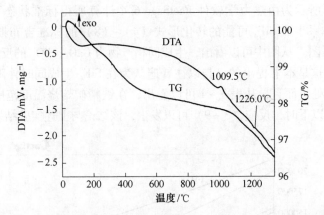

图 3 - 18 化学纯试剂 Fe_2O_3 与 CaF_2 混合物的 DTA - TG 分析结果

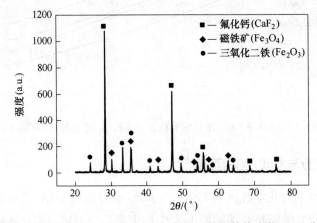

图 3 - 19 化学纯试剂 Fe_2O_3 与 CaF_2 混合物 1300℃ 焙烧产物 XRD 分析结果

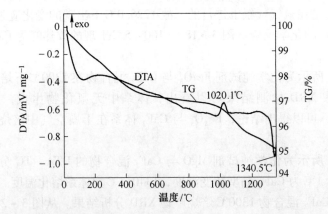

图 3 - 20 化学纯试剂 MgO 与 CaF_2 混合物的 DTA - TG 分析结果

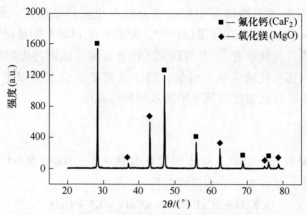

图 3 - 21　MgO 与 CaF$_2$ 混合物 1300℃ 焙烧产物 XRD 分析结果

图 3 - 22 所示为化学纯试剂 Al$_2$O$_3$ 与 CaF$_2$ 混合物的 DTA - TG 分析结果。图 3 - 23 显示，Al$_2$O$_3$ 与 CaF$_2$ 混合物在铁精矿焙烧温度条件下无新物质生成。

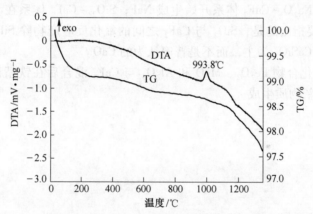

图 3 - 22　化学纯试剂 Al$_2$O$_3$ 与 CaF$_2$ 混合物的 DTA - TG 分析结果

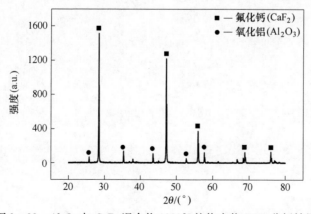

图 3 - 23　Al$_2$O$_3$ 与 CaF$_2$ 混合物 1300℃ 焙烧产物 XRD 分析结果

梁洪铭[82]对电渣重熔过程中炉渣成分的变化进行了研究。研究结果表明，70% CaF_2 – 30% Al_2O_3 渣系在升温过程中，失重率在 1420℃ 明显增加，且 AlF_3 的气相升华占优势。其他学者[83~85]的研究工作也证实，炼钢过程熔渣中会有 SiF_4、AlF_3、CaF_2 等气态氟化物生成。可见，高于铁精矿焙烧温度以上，AlF_3 是可以生成的，但铁精矿焙烧温度远低于电渣重熔精炼温度。

3.3　本章小结

（1）在干燥空气下焙烧，对于简单化合物 K_2O、Na_2O 及 SiO_2 与 CaF_2 作用会有氟化物生成，并分别以下列反应进行：

$$K_2O + 2CaF_2 \Longrightarrow KCaF_3 + KF + CaO$$
$$Na_2O + CaF_2 \Longrightarrow 2NaF + CaO$$
$$3SiO_2 + 2CaF_2 \Longrightarrow 2(CaO \cdot SiO_2) + SiF_4(g)$$

K_2O 与 CaF_2 在 800℃ 就能生成 $KCaF_3$，但在更高温度 1200℃ 时生成 KF；1150℃ 条件下 Na_2O – CaF_2 体系开始生成 NaF；SiO_2 – CaF_2 体系在 1100℃ 下生成 SiF_4。而且需要指出的是，SiO_2 与 CaF_2 之间的氟化反应产物除 SiF_4 气体外，其固相产物应以 $CaSiO_3$ 为主，而不是普遍认为的 CaO。

（2）简单化合物 Fe_2O_3、MgO 和 Al_2O_3 与 CaF_2 混合后在铁精矿造块温度范围内焙烧没有新物质生成。

4 铁精矿脉石与萤石的相互作用

铁精矿中的脉石有霓石、钠闪石、萤石、石英、云母、独居石、氟碳铈矿、白云石、方解石、重晶石、磷灰石等。其中，二氧化硅主要是以含钾、钠复杂的硅酸盐形式存在，少量赋存于石英中；K_2O、Na_2O 主要存在于钠辉石、钠闪石、碱性长石及黑云母等复杂矿物中；氟元素主要存在于萤石中，有少量存在于氟碳铈矿中。因此，为了进一步揭示白云鄂博铁精矿焙烧过程中脉石与含氟矿物的相互作用，分别以天然钾长石和天然钠辉石代替 K_2O 和 Na_2O，来研究铁精矿焙烧过程氟化物的生成特性。

针对铁精矿脉石与萤石相互作用的热力学研究，同样采用了热力学计算与焙烧实验相结合的方法。通过对焙烧产物进行物相分析，并结合差热－热重分析结果，确定了各含氟体系氟化反应的热力学性质。而且，在以后的章节的分析中也提供了不同含氟体系焙烧过程尾气中氟元素含量和尾气吸收液中各元素的含量，结合这些实验数据可以进一步证实研究结论的可靠性。

4.1 含钾长石体系

钾长石（$KAlSi_3O_8$）是一种含钾的硅铝酸盐矿物，钾长石属单斜晶系，通常呈肉红色、白色或灰色，其比重为 2.56 ~ 2.59g/cm³，硬度为 6。钾长石的理论成分为 SiO_2 64.7%，Al_2O_3 18.4%，K_2O 16.9%[86]。钾长石具有熔点低，熔融间隔时间长，熔融黏度高等特点，广泛应用于陶瓷坯料、陶瓷釉料、玻璃、电瓷、研磨材料等工业部门及制钾肥用。自然界很少有纯长石存在，天然钾长石由多种矿物组成，可与石英、铁矿物、黏土、云母、石榴石、电气石及绿柱石等多种次要矿物共存[87]。

研究过程中以天然钾长石代替白云鄂博铁精矿中的含钾脉石。虽然钾长石不是白云鄂博铁精矿中含钾脉石唯一的形式，但钾长石中不含氟，而且矿物组成简单，更适合作为含钾脉石的替代物。采用化学纯试剂 CaF_2 代替萤石，以天然钾长石、天然钾长石－萤石体系、天然钾长石－萤石－CaO 体系为研究对象，分别就上述各体系高温焙烧过程中氟化物生成的热力学条件展开讨论。在天然钾长石－萤石体系中添加 CaO 的目的，是在研究低碱度球团矿焙烧过程中含钾脉石与萤石相互作用的基础上，探讨高碱度烧结矿生产过程中含钾脉石与萤石之间的氟化反应。

　　首先在明确天然钾长石化学成分及矿物组成的基础上，采用热力学软件 FactSage 6.4 计算上述各体系的平衡相组成。由于空气中气态氟化物的分压很低，热力学计算时假设气相中气态氟化物的分压为 100Pa。

　　实验中所用天然钾长石的化学成分及 XRD 分析结果分别如表 4 - 1 和图 4 - 1 所示。如图 4 - 1 所示，外购天然钾长石中除含有钾长石（$KAlSi_3O_8$）外还含有石英（SiO_2），又根据其化学成分（表 4 - 1）可以确定该天然钾长石中钾长石和石英所占的质量比约为 65% : 35%。

表 4 - 1　实验用天然钾长石的化学成分　　　　　（质量分数/%）

CaO	SiO_2	MgO	Al_2O_3	K_2O	Na_2O	Ig
1.10	68.4	0.12	15.40	10.99	2.10	1.89

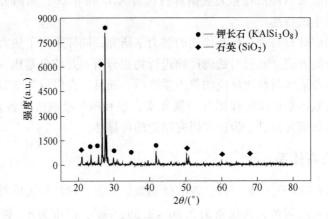

图 4 - 1　实验用天然钾长石的矿物组成

　　采用热力学软件 FactSage 6.4 对 $KAlSi_3O_8$ - SiO_2 体系在 Equilib 模式下对平衡相组成进行计算，计算结果见表 4 - 2。表 4 - 2 中显示，509℃ $KAlSi_3O_8$ 开始分解，生成白榴石（$KAlSi_2O_6$）和石英（SiO_2），1172℃石英消失，出现少量的莫来石（Al_2SiO_5），其他组分均进入渣相，并且随着温度升高，体系中 $KAlSi_2O_6$ 的含量减少，莫来石的含量稍有增多，而渣相量逐渐增加，其中 SiO_2 占主要成分。

　　表 4 - 3 为 $KAlSi_3O_8$ - SiO_2 - CaF_2 体系不同温度下平衡相组成的热力学计算结果。表 4 - 3 中，1059℃该体系出现渣相和气相，渣相中的含氟组分为 KF 和 CaF_2，气相均为含氟气体，包括 SiF_4、KF 和 AlF_3，其中以 SiF_4 为主，同时有钙长石（$CaAl_2Si_2O_8$）生成。温度继续升高，气相生成总量增加，但其他组分含量出现波动。

表 4 - 2 KAlSi₃O₈ - SiO₂ 体系不同温度平衡相组成

	温　度	509 ~ 1172℃	1172℃		1200℃		1300℃	
固相	KAlSi₂O₆	50.97g	15.76g		14.24g		8.42g	
	SiO₂	49.03g	0		0		0	
	Al₂SiO₅(莫来石)	0	2.38g		2.42g		2.54g	
渣相	SiO₂			82.74%		82.27%		80.58%
	Al₂O₃	0	81.86g	7.98%	83.34g	8.22%	89.04g	9.11%
	K₂O			9.28%		9.51%		10.31%

注：KAlSi₃O₈ - SiO₂ 体系中 KAlSi₃O₈ 及 SiO₂ 的质量分别为65g和35g（根据本实验用天然钾长石的矿物组成确定）。渣相组成表示为质量百分比。

表 4 - 3 KAlSi₃O₈ - SiO₂ - CaF₂ 体系不同温度平衡相组成

	温　度	509 ~ 1059℃	1059℃		1200℃		1300℃	
固相	KAlSi₂O₆	50.97g	4.91g		45.54g		0	
	SiO₂	49.03g	0		0		0	
	CaSiO₃	0	0		59.49g		9.21g	
	CaAl₂Si₂O₈	0	13.12g		0		0	
	CaF₂	65g	46.00g		6.92g		0	
渣相	SiO₂			80.61%		58.34%		54.76%
	CaO			0.27%		24.30%		29.05%
	Al₂O₃	0	83.29g	7.14%	8.78g	12.93%	103.35g	11.27%
	K₂O			11.93%		3.17%		3.03%
	KF			9.16×10^{-5}		0.13%		0.16%
	CaF₂			2.38×10^{-6}		1.13%		1.73%
气相	SiF₄			99%		93.13%		60.41%
	KF	0	2.68g	4.07×10^{-3}	29.27g	5.84%	37.44g	38.42%
	AlF₃			2.27×10^{-3}		1.03%		1.17%

注：KAlSi₃O₈ - SiO₂ - CaF₂ 体系中 KAlSi₃O₈、SiO₂ 及 CaF₂ 分别为65g、35g和50g。渣相组成表示为质量百分比，气相组成表示为不同组分的摩尔比。

　　为了研究白云鄂博铁精矿用于生产高碱度烧结矿过程中含钾脉石与萤石及石灰的相互作用，对 KAlSi₃O₈ - SiO₂ - CaF₂ - CaO 体系不同温度下的平衡相组成进行了计算，结果见表 4 - 4。

　　由 FactSage 6.4 热力学软件对不同温度下，碱度为 2.0 的平衡相组成的计算结果显示，KAlSi₃O₈ - SiO₂ - CaF₂ - CaO 体系在 592℃有枪晶石生成，同时有渣相生成，除此之外还有 Ca₂SiO₄ 和黄长石生成；温度升至 1095℃，体系有气相生成，其主要成分为 KF；温度在 1097℃，枪晶石（$Ca_4Si_2F_2O_7$）的生成量达到最大；温度继续升高到 1212℃，枪晶石完全消失。

表 4 - 4 $KAlSi_3O_8$ - SiO_2 - CaF_2 - CaO 体系不同温度平衡相组成

温 度		592℃	1095℃	1097℃	1212℃
固相	Ca_2SiO_4	170.40g	10.23g	11.79g	
	CaF_2	44.16g			
	黄长石	24.77g	29.05g	29.13g	25.41g
	$Ca_4Si_2F_2O_7$	20.97g	34.68g	34.85g	
渣相	SiO_2	27.15%	27.48%	27.48%	29.27%
	CaO	1.17%	48.32%	48.38%	51.09%
	Al_2O_3	13.68%	0.54%	0.53%	1.00%
	K_2O	47.77%	3.28%	3.18%	0.89%
	KF	9.95%	1.16%	1.13%	0.27%
	CaF_2	0.28%	19.22%	19.30%	17.47%
		19.70g	203.05g	200.81g	244.37g
气相	KF	0	2.92g	3.42g	10.23g

注：$KAlSi_3O_8$ - SiO_2 - CaF_2 - CaO 体系中 $KAlSi_3O_8$、SiO_2、CaF_2 及 CaO 分别为 65g、35g、50g 和 130g。为了使该体系的碱度接近 2，确定体系中 CaO 的初始含量为 130g。

根据含钾脉石相关体系平衡相组成的计算结果，在保证焙烧后试样的 XRD 衍射分析效果的前提下，将含钾长石系列各组分确定为如表 4 - 5 所示的配比。

表 4 - 5 含钾长石体系中各组分的质量配比

体 系	钾长石 - CaF_2 体系	钾长石 - CaF_2 - CaO 体系
组分质量比	钾长石∶CaF_2 = 2∶1	钾长石∶CaF_2∶CaO = 10∶5∶13

焙烧实验过程中，首先将焙烧实验用原料在 110℃ 下干燥 2h 后磨至 0.074mm 以下，并进行配料、混料及压片。采用德国耐驰 NETZSCHSTA 449C 型综合热分析仪，在 25 ~ 1350℃ 温度范围内，升温速率为 10℃/min，Ar 气气氛下进行差热 - 热重(DTA - TG)分析，依据 DTA - TG 分析结果确定焙烧温度。焙烧气氛为干燥空气，焙烧过程保温 2h，焙烧结束后对焙烧产物进行 X 射线衍射（XRD）分析及扫描电镜 - 能谱（SEM - EDS）分析，从而确定白云鄂博铁精矿焙烧过程氟化物生成的温度范围及焙烧产物。

4.1.1 天然钾长石

天然钾长石 DTA - TG 分析结果如图 4 - 2 所示。由图 4 - 2 可以看出，升温过程中天然钾长石在峰值温度为 570.8℃ 和 1108.8℃ 时出现吸热峰。由于天然钾长石中含有少量石英，可以推断570.8℃为 α – 石英向 β – 石英晶型转变温度[88]。整个升温过程没有失重现象出现，说明天然钾长石在焙烧过程无气态产物生成。同时，确定分别在570℃和1110℃下对天然钾长石进行焙烧。

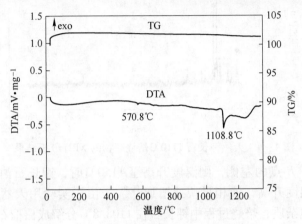

图 4 – 2　天然钾长石 DTA – TG 分析结果

图 4 – 3 为570℃下保温 2h 天然钾长石焙烧产物的 XRD 分析结果。

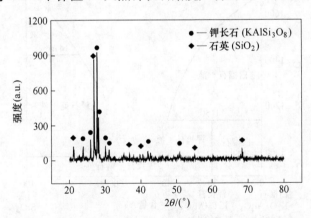

图 4 – 3　天然钾长石 570℃ 焙烧产物的 XRD 分析结果

由图 4 – 3 可见，570℃下焙烧后的天然钾长石仍以钾长石和石英等矿物的形式存在。图 4 – 4 所示为1110℃下保温 2h 天然钾长石焙烧产物的 XRD 分析结果。当焙烧温度升至1110℃时，白榴石出现在钾长石中，而且其中石英的相对含量有所增加。

图 4 – 5 所示为白榴石 – 石英（$K_2O \cdot Al_2O_3 \cdot 4SiO_2 – SiO_2$）系统相图[89]。图中钾长石位于石英含量为 21.6%、白榴石含量为 78.4% 的成分点上。当钾长石加热至1150℃时，分解为白榴石和液相。从相图中发现，如果钾长石中含有一定量的石英，当温度升高至990℃时，会产生低共熔现象，低共熔点为 E 点，如

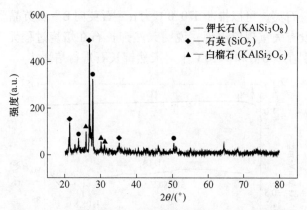

图 4-4   天然钾长石 1110℃焙烧产物的 XRD 分析结果

果石英含量位于 E 点的左侧，则温度升高至 1150℃时，钾长石消失，同时产生白榴石。随着温度升高，液相量快速增加[90,91]。由于实验用天然钾长石中含有少量石英及其他杂质，焙烧过程中钾长石在 1108.8℃分解成白榴石及液相。

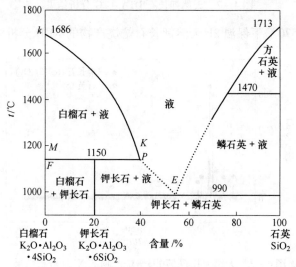

图 4-5   白榴石-石英（$K_2O \cdot Al_2O_3 \cdot 4SiO_2 - SiO_2$）系统相图

图 4-6 所示为 1110℃天然钾长石焙烧产物 SEM-EDS 分析结果。从图 4-6可以看出，1110℃下天然钾长石中有液相析出。图 4-6（b）中存在局部未熔化的钾长石；图 4-6（d）中钾长石部分熔化，其中钾元素含量有所下降；图 4-6（f）中已形成的液相，其表面主要成分为 SiO_2。白榴石-石英相图表明，钾长石分解过程中部分白榴石出现熔融。冷却过程中，从与白榴石平衡的液相中又析出白榴石晶体，达到转熔温度 T_P 时，会发生白榴石 + 液相→钾长石，转熔过程使原先析出的白榴石晶体又重新熔入液相中，导致白榴石与钾长石共存于焙烧后的天然钾长石中[92]。

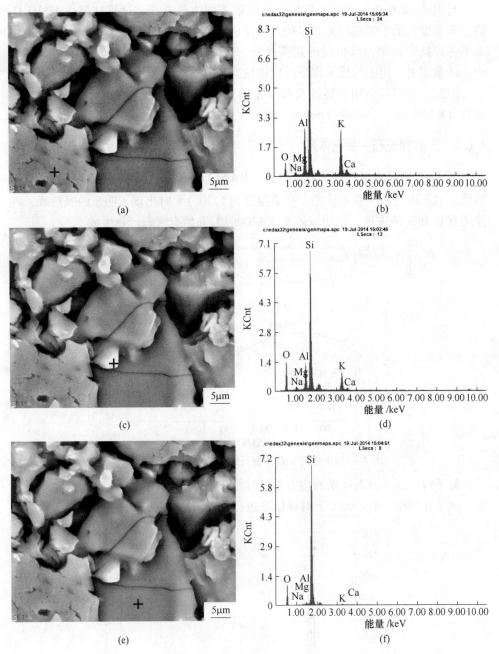

图4-6 天然钾长石1110℃焙烧产物 SEM-EDS 分析结果

因此,1110℃时钾长石发生分解生成白榴石和石英,反应方程如式(4-1)所示:

$$KAlSi_3O_8 \Longrightarrow KAlSi_2O_6 + SiO_2 \qquad (4-1)$$

与表 4-2 相比，实验结果与计算结果不同之处在于，计算结果中 $KAlSi_3O_8$ 的分解温度远低于实验研究确定的开始反应温度，分析原因在于平衡态下反应体系不考虑反应速率，以很慢的速度进行，反应开始温度较低，但实际焙烧过程中，体系需要一定的温度来保证反应的快速进行。

因此，本书实验用天然钾长石（主要成分为 $KAlSi_3O_8$）在 1110℃ 分解为白榴石（$KAlSi_2O_6$）和石英（SiO_2），此时，天然钾长石中已出现少量液相。

4.1.2 天然钾长石-萤石体系

图 4-7 所示为天然钾长石-萤石（$KAlSi_3O_8-CaF_2$）体系的 DTA-TG 分析结果。对于钾长石-萤石体系，峰值温度为 1270.1℃ 时出现了明显的吸热峰，并伴随有 8.16% 的失重，说明该体系在 1200.7℃ 开始有气态产物生成。

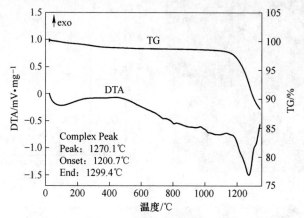

图 4-7 天然钾长石-萤石体系 DTA-TG 分析结果

关于钾长石-萤石体系的热力学计算结果显示，1059℃ 开始有气相生成，因此，确定在 900℃ 和 1060℃ 下对该体系进行焙烧。图 4-8 和图 4-9 所示分别为

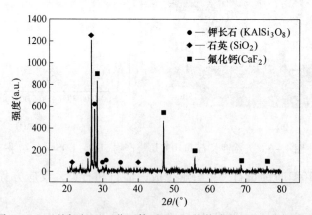

图 4-8 天然钾长石-萤石体系 900℃ 焙烧产物 XRD 分析结果

900℃和1060℃下钾长石－萤石体系焙烧产物的 XRD 分析结果。900℃和1060℃条件下钾长石－萤石体系中物相的主要成分未发生根本性的变化，但从900℃升高至1060℃，焙烧后试样中的钾长石和石英的相对含量均下降，说明 CaF_2 能够促进钾长石及石英溶解进入液相。

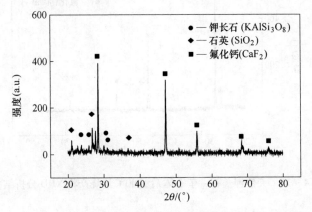

图4－9 天然钾长石－萤石体系1060℃焙烧产物 XRD 分析结果

图4－10 所示为1100℃天然钾长石－萤石体系焙烧产物 XRD 分析结果。由上述两图可以看出，当温度升高至1100℃，钾长石已基本熔入液相。

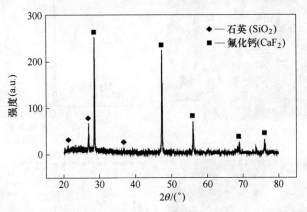

图4－10 天然钾长石－萤石体系1100℃焙烧产物 XRD 分析结果

图4－11 和图4－12 所示分别为天然钾长石－萤石体系1200℃焙烧产物 XRD 分析结果和 SEM－EDS 分析结果。结合上述两图可以确定，1200℃时该体系已开始熔化，焙烧产物以石英和萤石为主，且其包裹在玻璃相内。图4－12(a) 中，焙烧试样表面上的氟几乎全部逸出；如图4－12(e) 所示，焙烧产物中也包含析出的少量的硅铝酸盐或硅酸盐，但由于其含量有限，故通过 XRD 分析手段检测不到；而且，通过与1100℃焙烧产物的物相组成相比较，可以看出1200℃焙烧产物中石英的相对含量下降。另外，表4－3 中，1200℃

时气相产物总量已接近反应物质量的 20%，且其中几乎全部为 SiF₄，其他组分含量很少。

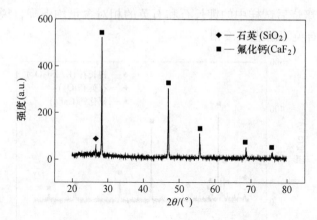

图 4-11 天然钾长石-萤石体系 1200℃焙烧产物 XRD 分析结果

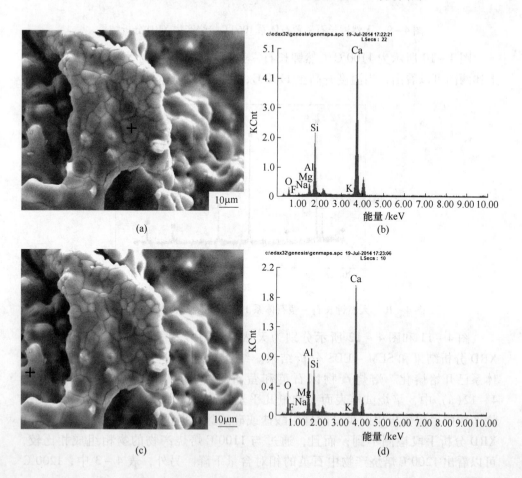

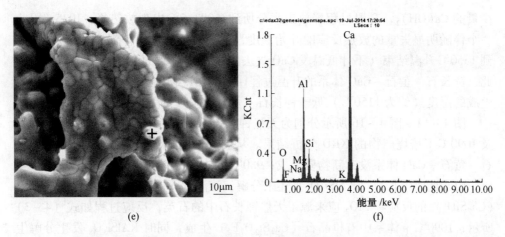

(e)　　　　　　　(f)

图 4 – 12　天然钾长石 – 萤石体系 1200℃焙烧产物 SEM – EDS 分析结果

因此，可以确定 1200℃时钾长石析出液相中的石英与 CaF₂ 已开始发生氟化反应，转化成 SiF₄ 从体系中逸出，如式（4 – 2）所示。

$$2KAlSi_3O_8 + 2CaF_2 \longrightarrow Ca_2Al_2SiO_7 + SiF_{4(g)} + 液相 \qquad (4-2)$$

因此，天然钾长石 – 萤石体系在焙烧温度为 1100℃时在 CaF₂ 的作用下天然钾长石已完全形成液相，焙烧温度为 1200℃时氟化物逸出明显，同时伴随生成少量的硅铝酸盐或硅酸盐。

4.1.3　天然钾长石 – 萤石 – CaO 体系

图 4 – 13 所示为天然钾长石 – 萤石 – CaO（KAlSi₃O₈ – CaF₂ – CaO）体系 DTA – TG 分析结果。图 4 – 13 中峰值温度为 399.8℃时出现吸热反应，并伴随有 3.04% 的失重，分析认为是由于化学纯试剂 CaO 发生了水解，焙烧前试样中含有

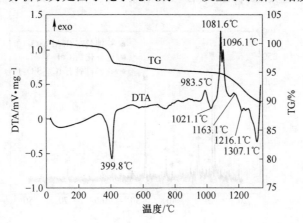

图 4 – 13　天然钾长石 – 萤石 – CaO 体系 DTA – TG 分析结果

少量的 $Ca(OH)_2$，升温过程释放出水分所致；983.5℃出现放热峰；1035.3℃为一个伴随明显失重的放热反应的开始温度，该放热反应的峰值温度为1081.6℃；到1350℃升温结束（不计低温段 CaO 失去的水分）体系的失重率为5.20%。因此，钾长石－萤石－CaO 体系的升温过程伴随气相产物的生成，但气相产物开始生成的温度（约为1150℃）低于钾长石－萤石体系（约为1200℃）。

图4－14～图4－16所示分别为天然钾长石－萤石－CaO 体系900℃、980℃及1090℃下焙烧产物的 XRD 分析结果。从图可以看出，900℃下焙烧天然钾长石－萤石－CaO 体系没有新物质生成；980℃下体系中有斜硅钙石（Ca_2SiO_4）生成，由于此时钾长石（$KAlSi_3O_8$）还未分解，该温度下体系中用于合成斜硅钙石（Ca_2SiO_4）的反应物 SiO_2 应来源于天然钾长石中的石英，反应过程如式（4－3）所示；1090℃下体系中有枪晶石（$Ca_4Si_2O_7F_2$）生成，同时 $KAlSi_3O_8$ 发生分解生成 $KAlSi_2O_6$，而且斜硅钙石（Ca_2SiO_4）和 $KAlSi_3O_8$ 基本消失，说明枪晶石生成过程中反应物中的 SiO_2 应主要来源于 Ca_2SiO_4 和 $KAlSi_3O_8$ 的分解产物 SiO_2，而

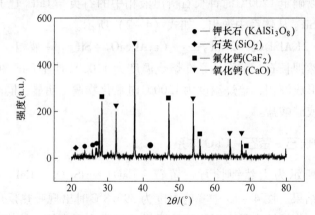

图4－14　天然钾长石－萤石－CaO 体系900℃焙烧产物 XRD 分析结果

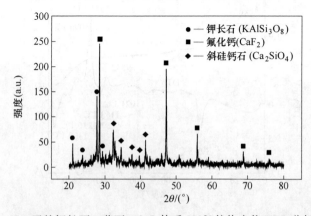

图4－15　天然钾长石－萤石－CaO 体系980℃焙烧产物 XRD 分析结果

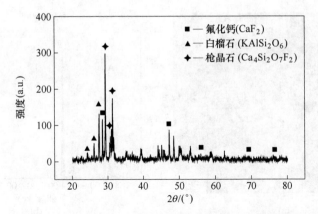

图 4-16 天然钾长石 - 萤石 - CaO 体系 1090℃ 焙烧产物 XRD 分析结果

且枪晶石的生成降低了 $KAlSi_3O_8$ 的稳定性，促进其发生分解，该反应可用式（4-4）表示。因此，天然钾长石 - 萤石 - CaO 体系中 $KAlSi_3O_8$ 的分解温度（1090℃）稍低于天然钾长石的分解温度（1110℃）。

$$SiO_2 + 2CaO \rule[0.5ex]{2em}{0.4pt} Ca_2SiO_4 \qquad\qquad (4-3)$$
$$2KAlSi_3O_8 + CaF_2 + 3CaO \rule[0.5ex]{2em}{0.4pt} 2KAlSi_2O_6 + Ca_4Si_2O_7F_2 \qquad (4-4)$$

图 4-13 中峰值温度为 1081.6℃ 的吸热峰的右侧紧挨着还存在 1 个吸热峰，峰值温度为 1096.1℃。为了研究该温度下的物相变化，对钾长石 - 萤石 - CaO 体系在 1100℃ 下焙烧的试样进行了 SEM - EDS 分析，结果如图 4-17 所示。

从图 4-17(a) 中可以看出，天然钾长石 - 萤石 - CaO 体系中析出了规则的细小的长方形晶体，通过能谱分析可以确定该晶体为钙黄长石（$Ca_2Al_2SiO_7$），同时试样中已有液相生成，如图 4-17(c) 所示，而且试样表面很容易检测到有氟元素存在。

因此，1081.6℃ 为枪晶石（$3CaO \cdot 2SiO_2 \cdot CaF_2$）的生成温度，1096.1℃ 为钙黄长石（$Ca_2Al_2SiO_7$）析出的温度。钙黄长石中的 Al_2O_3 主要来源于 $KAlSi_3O_8$ 的分解产物 $KAlSi_2O_6$。

图 4-18 和图 4-19 所示分别为天然钾长石 - 萤石 - CaO 体系 1150℃ 和 1200℃ 焙烧产物 SEM - EDS 分析结果。图 4-18 中，1150℃ 下焙烧产物中出现大量的气体逸出留下的气孔，说明此时体系中开始有气态氟化物生成，结合上一章对 $SiO_2 - CaF_2$ 体系气态氟化物生成的热力学分析，可以确定此时能够生成 SiF_4 气体。图 4-19 中该体系 1200℃ 焙烧产物表面出现了明显的液相，液相中氟含量较高，平均达 10% 以上。

图 4-20 和图 4-21 所示分别为天然钾长石 - 萤石 - CaO 体系在 1200℃ 和 1270℃ 焙烧产物的 XRD 分析结果。从图 4-20 中可以看出，该体系 1200℃ 下物相组成仍以枪晶石为主。而图 4-21 中，1270℃ 下天然钾长石 - 萤石 - CaO 体系

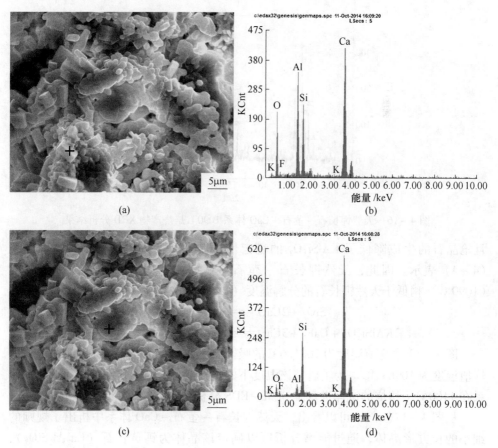

(a)

(b)

(c)

(d)

图 4 - 17 天然钾长石 - 萤石 - CaO 体系 1100℃焙烧产物 XRD 分析结果

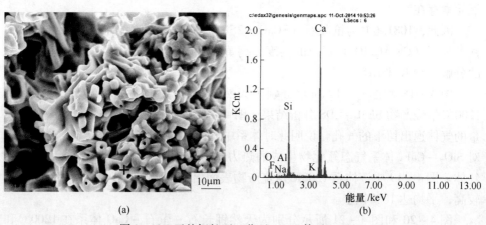

(a)

(b)

图 4 - 18 天然钾长石 - 萤石 - CaO 体系 1150℃
焙烧产物 SEM - EDS 分析结果

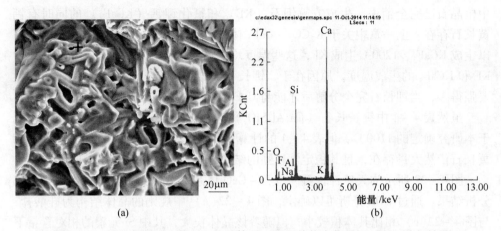

图 4-19 天然钾长石-萤石-CaO 体系 1200℃焙烧产物 SEM-EDS 分析结果

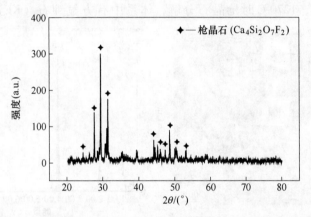

图 4-20 天然钾长石-萤石-CaO 体系 1200℃焙烧产物 XRD 分析结果

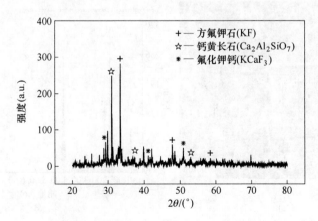

图 4-21 天然钾长石-萤石-CaO 体系 1270℃焙烧产物 XRD 分析结果

中枪晶石已完全消失，生成方氟钾石（KF）和氟化钾钙（$KCaF_3$）的同时有钙黄长石存在。上一章中关于 K_2CO_3 – CaF_2 体系焙烧过程的研究中确定 800℃ 就可以生成 $KCaF_3$，1200℃ 生成 KF，这些温度均低于天然钾长石 – 萤石 – CaO 体系中 KF 和 $KCaF_3$ 的生成温度。原因在于，钾长石的结构复杂，与 K_2CO_3 相比稳定性要强得多，当钾长石完全分解后才能与 CaF_2 结合生成 KF 和 $KCaF_3$。

虽然表 4 – 4 中钙黄长石（$Ca_2Al_2SiO_7$）生成的温度较低（仅为 592℃），低于本研究确定的 1100℃，但表 4 – 4 的计算结果中，枪晶石消失时（1212℃）钙黄长石依然大量存在，且其稳定性较强的结论与本研究的结果是一致的。

图 4 – 22 所示为天然钾长石 – 萤石 – CaO 体系 1270℃ 焙烧产物的 SEM – EDS 分析结果。通过 EDS 分析可以确定，图 4 – 22（a）中规则的晶体结构为硅酸盐，与图 4 – 22（c）相比其体积较小，但随着该晶体长大，其中 Si 元素的相对含量下降，而且中心形成了螺旋形的结构，分析判断可能是由于 SiF_4 的逸出形成的。因此，可以确定，1270℃ 时枪晶石分解，体系中有方氟钾石（KF）和氟化钾钙

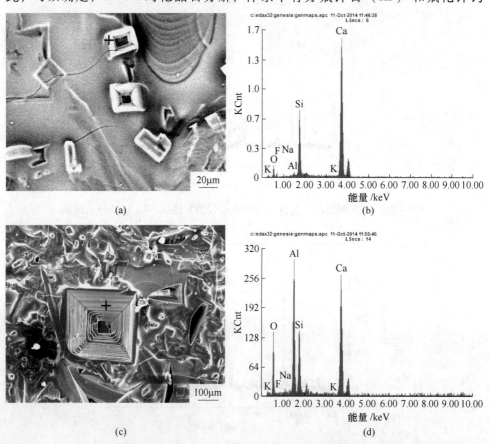

(a)　(b)

(c)　(d)

图 4 – 22　天然钾长石 – 萤石 – CaO 体系 1270℃ 焙烧产物 SEM – EDS 分析结果

（$KCaF_3$），同时依然有钙黄长石存在，如式（4-5）所示。

$$4Ca_4Si_2O_7F_2 + 液相 \longrightarrow Ca_2Al_2SiO_7 + KF + KCaF_3 + SiF_{4(g)} \qquad (4-5)$$

因此，天然钾长石-萤石-CaO体系焙烧过程中，首先在焙烧温度为980℃时，天然钾长石中带入的石英与体系中添加的CaO生成斜硅钙石（Ca_2SiO_4）；1090℃时体系中有枪晶石（$Ca_4Si_2O_7F_2$）生成，同时$KAlSi_3O_8$发生分解生成$KAlSi_2O_6$；1100℃时体系中有少量钙黄长石（$Ca_2Al_2SiO_7$）生成；1150℃时，体系有气相生成；1200℃时体系的矿物组成以枪晶石为主；1270℃时枪晶石分解，体系中生成方氟钾石（KF）和氟化钾钙（$KCaF_3$）。

4.2 含钠辉石体系

钠辉石又叫霓石，属于钠辉石亚族[93]，是白云鄂博矿床中主要含铁硅酸盐矿物。钠辉石的分子式为$NaFeSi_2O_6$，理论化学组成为Na_2O 13.4%，Fe_2O_3 34.6%，SiO_2 52.0%。白云鄂博矿主东矿上盘围岩中钠辉石的储量近1亿吨。在含矿层位中，钠辉石的共生矿物有萤石、磁铁矿、石英、重晶石、氟碳铈矿、独居石、烧绿石、易解石等，其中钠辉石岩与赤铁矿紧密伴生[94,95]。钠辉石与透辉石、普通辉石、钙铁解石等能形成系列的过渡关系。因此，钠辉石常含有CaO、FeO、Al_2O_3、MgO、MnO等成分；此外，还含少量的K_2O、TiO_2、ZrO_2、BeO等杂质[96]。

以取自白云鄂博矿的天然钠辉石及化学纯试剂CaF_2和CaO为原料，分别对天然钠辉石、天然钠辉石-萤石和天然钠辉石-萤石-CaO体系的高温焙烧过程进行研究。实验用天然钠辉石的化学成分见表4-6。该天然钠辉石中除含有Na_2O、Fe_2O_3和SiO_2外，还含有CaO、P_2O_5及RE_2O_3等杂质，特别是其中氟含量高达8.92%。为了使气态氟化物逸出更明显，向天然钠辉石中添加化学纯试剂CaF_2，其中天然钠辉石与CaF_2的质量比为5:3，此时体系中氟含量为23.85%；天然钠辉石-萤石-CaO体系各组分的质量配比为天然钠辉石:CaF_2:CaO=5:1:3.5，CaO以化学纯试剂CaO的形式配入，碱度接近2.0，体系中氟含量为9.82%。图4-23所示为常温天然钠辉石的矿物组成分析结果。可以看出，白云鄂博钠辉石的矿相主要包括钠辉石（$NaFeSi_2O_6$）和氟化钙钇（$(CaF_2)_{0.85}(YF_3)_{0.15}$）。

表4-6 实验用天然钠辉石的化学成分 （质量分数/%）

Fe_2O_3	CaO	SiO_2	F	Na_2O	La_2O_3	BaO	SO_3	P_2O_5	Ig
26.69	12.24	35.53	8.92	7.14	1.46	0.84	1.13	2.94	3.11

4.2.1 天然钠辉石

图4-24所示为天然钠辉石的DTA-TG的分析结果。图4-24中DTA曲线上存在明显的吸热峰，该吸热反应的峰值温度为965.7℃，与TG曲线对应的该

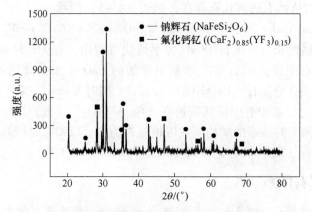

图 4 – 23 常温天然钠辉石的 XRD 分析结果

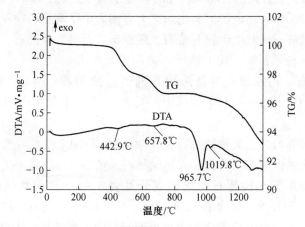

图 4 – 24 天然钠辉石的 DTA – TG 的分析结果

温度段体系开始失重的温度为 923.4℃，到升温结束 991.1℃ 时，体系失重率为 3.56%。

图 4 – 25 所示为 445℃ 和 660℃ 天然钠辉石的 XRD 分析结果。可以看出，天然钠辉石在 445℃ 和 660℃ 下焙烧后，矿物组成未发生变化，故图 4 – 24 中 442.9℃ 和 675.8℃ 下的失重是由于结晶水的分解产生的。

图 4 – 26 所示为天然钠辉石 800℃ 焙烧产物 SEM – EDS 分析结果。由图 4 – 26(a) 可以看出，800℃ 下天然钠辉石未出现熔化。

图 4 – 27 所示为 970℃ 和 1020℃ 天然钠辉石的 XRD 分析结果。由图 4 – 27 可以看出，天然钠辉石焙烧过程中，在峰值温度为 970℃ 对应的吸热反应的开始温度为 923.4℃，钠辉石发生了分解，生成固相 Fe_2O_3，同时分解出的 Na_2O 及 SiO_2 溶入液相，可以用式 (4 – 6) 表示：

$$2NaFeSi_2O_6 \longrightarrow Fe_2O_3 + 液相 \tag{4 – 6}$$

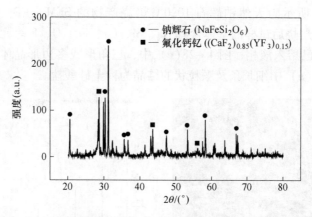

图 4 - 25　天然钠辉石 445℃和 660℃焙烧产物的 XRD 分析结果

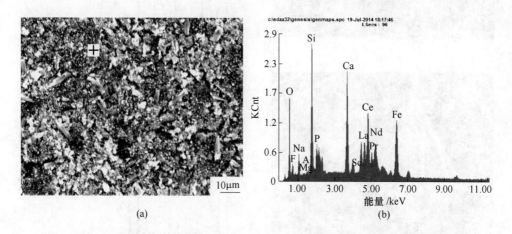

(a)　　　　　　　　　　　　　(b)

图 4 - 26　天然钠辉石 800℃焙烧产物 SEM - EDS 分析结果

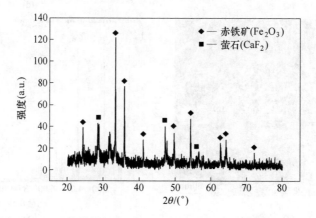

图 4 - 27　天然钠辉石 970℃和 1020℃焙烧产物 XRD 分析结果

图 4 - 28 所示为天然钠辉石 1020℃ 焙烧产物的 SEM - EDS 分析结果。图 4 -28(a)中，焙烧后试样的基体含有 Na、Si、Ca、Fe、O、F 等元素，说明此时钠辉石和萤石已熔入液相；图 4 -28(c) 中，三角形或多边形晶体为赤铁矿；图 4 -28(e) 和 (g) 中细长条及颗粒状的结晶为稀土硅酸盐。

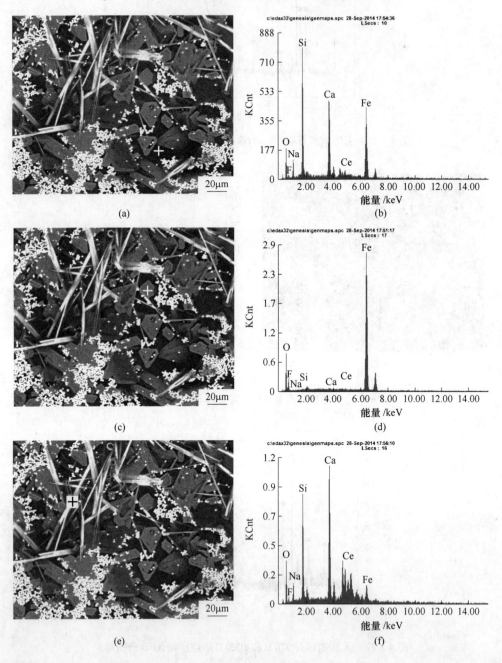

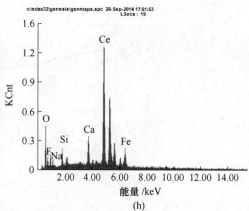

(g)　　　　　　　　　　　(h)

图 4-28　天然钠辉石 1020℃焙烧产物 SEM-EDS 分析结果

可见，虽然天然钠辉石中含有萤石，但在 970~1020℃体系失重并不明显，引起失重的原因是体系熔化后的挥发，在此温度下以天然钠辉石的分解为主，同时析出赤铁矿。

因此，970℃时天然钠辉石发生了分解，生成固相 Fe_2O_3，同时分解出的 Na_2O 及 SiO_2 溶入液相，可表示为 $2NaFeSi_2O_6 \rightarrow Fe_2O_3 + 液相$。

4.2.2　天然钠辉石-萤石体系

为了使高温下钠辉石中的氟逸出更明显，在天然钠辉石中添加了化学纯试剂 CaF_2，以便确定气态氟化物逸出的开始温度。图 4-29 所示为天然钠辉石-萤石体系的 DTA-TG 的分析结果。该体系中天然钠辉石与 CaF_2 的质量比为 5:3。与图 4-24 对比，天然钠辉石-萤石体系的 DTA-TG 的分析结果与天然钠辉石很相似，只是 DTA 曲线上出现的 2 个吸热峰的温度都略有升高，分别为 976.0℃和 1022.7℃，最后一个不很明显的吸热峰对应的峰值温度为 1130.8℃，而且从 1130.8℃开始到升温结束体系总失重率达到 11.57%，比天然钠辉石体系增加 8.01%，说明前者在升温过程中发生了显著的氟化反应。由 TG 曲线可以确定，该体系气态氟化物显著逸出的开始温度为 1100℃以上。

图 4-30 和图 4-31 所示分别为天然钠辉石-萤石体系 980℃和 1030℃的 XRD 分析结果。根据图 4-30 可以确定，980℃下天然钠辉石-萤石体系中钠辉石分解析出 Fe_2O_3，同时 Na_2O 和 SiO_2 形成液相；图 4-31 显示，1030℃下该体系依然保持上述物相组成，该温度下差热-热重曲线上出现的热效应可能是由 CaF_2 的晶型转变引起的。萤石晶型有立方体、八面体或菱形十二面体，温度升高时立方体晶型可转变成菱形十二面体晶型，温度继续升高可转变为八面体晶型[97,98]。

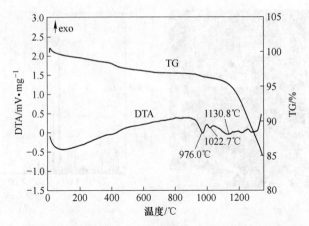

图 4 - 29　天然钠辉石 - 萤石体系的 DTA - TG 的分析结果

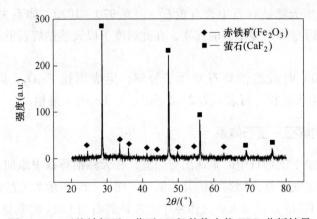

图 4 - 30　天然钠辉石 - 萤石 980℃焙烧产物 XRD 分析结果

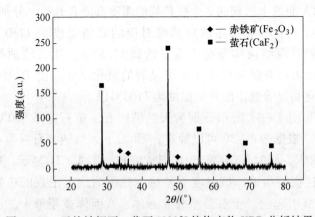

图 4 - 31　天然钠辉石 - 萤石 1030℃焙烧产物 XRD 分析结果

图 4-32 所示为天然钠辉石-萤石体系 1150℃焙烧产物的 XRD 分析结果。与 1030℃天然钠辉石-萤石体系焙烧产物相比，1150℃焙烧产物中出现了硅灰石（$CaSiO_3$），其反应物中的 SiO_2 来源于钠辉石的分解产物，但反应物中的 CaO 并非来源于天然钠辉石。虽然表 4-6 中显示本实验用天然钠辉石中 CaO 的含量为 12.24%，但并不代表其中真正的 CaO 含量，而是其中的 CaF_2 表示成 F 和 CaO 的结果，如果折算回 CaF_2，CaF_2 的含量应为 18.31%，而 CaO 的含量几乎为零。因此，1150℃焙烧产物中出现的硅灰石，其反应物中的 CaO 应来源于 SiO_2 与 CaF_2 之间的相互作用产物。在第 3 章关于 SiO_2-CaF_2 体系气态氟化物逸出的热力学研究中确定 SiO_2 与 CaF_2 之间的相互作用生成 SiF_4 的同时，伴随生成 $CaSiO_3$ 的可能性最大。因此，天然钠辉石-萤石体系在气态氟化物逸出的同时与 SiO_2-CaF_2 体系相似有硅灰石（$CaSiO_3$）伴随生成，如式（4-7）所示：

$$2NaFeSi_2O_6 + 2CaF_2 \longrightarrow Fe_2O_3 + 2CaSiO_3 + SiO_2 + SiF_{4(g)} + 液相 \qquad (4-7)$$

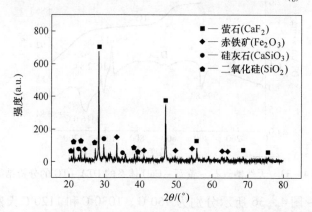

图 4-32 天然钠辉石-萤石体系 1150℃焙烧产物 SEM-EDS 分析结果

硅灰石（$CaSiO_3$）是一种天然矿物，也可以人工合成。该化合物有两种变态，即 α-$CaSiO_3$（假硅灰石）和 β-$CaSiO_3$（硅灰石）。假硅灰石结晶成六边形晶系，而硅灰石是三斜晶系，在 1125℃温度下硅灰石不可逆地以不大的体积变化过渡到假硅灰石。目前在各工业领域中应用的硅灰石（无论是天然的还是人工合成的）都要求 β-硅灰石含量越高越好[99,100]。人工合成硅灰石的温度通常在 1100℃以上。以石灰石和石英砂按 1:1 的质量比为原料，1100℃下焙烧反应不充分，除生成硅灰石外，产物中还包括石英和橄榄石，焙烧温度继续升高，1300℃时可生成假硅灰石和橄榄石[101]。

通过以上分析可以确定，天然钠辉石-萤石体系与天然钠辉石相同，在 980℃分解析出液相和赤铁矿 Fe_2O_3，气态氟化物显著逸出的开始温度为 1150℃，此时 Fe_2O_3 仍保持矿物的形式析出，同时生成氟化反应固相产物硅灰石和 SiO_2，其他组分进入液相。而且，该体系气态氟化物生成反应的热效应不明显，低于天然钠辉石分解反应的热效应，原因在于天然钠辉石的熔点较低（半球温度为1090℃），添加 CaF_2 后更容易熔化，形成液相后有利于氟化反应的发生。

4.2.3 天然钠辉石－萤石－CaO 体系

图 4-33 所示为天然钠辉石－萤石－CaO（$NaFeSi_2O_6$－CaF_2－CaO）体系的 DTA－TG 的分析结果。从图 4-33 可以看出，由于添加了 CaO，体系出现失重之前分别在 956.1℃和 1022.8℃发生了明显的放热反应，第 2 个放热反应结束之后，即 1090.2℃体系开始出现缓慢失重，1200℃左右体系开始明显失重，到升温结束体系总失重率为 9.90%。

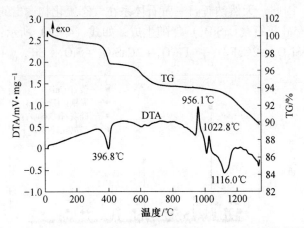

图 4-33　天然钠辉石－萤石－CaO 体系的 DTA－TG 的分析结果

图 4-34~图 4-36 所示分别为 960℃、1030℃和 1120℃天然钠辉石－萤石－CaO 体系焙烧产物 XRD 分析结果。可以看出，天然钠辉石－萤石－CaO 体系 DTA－TG 分析结果中，峰值温度分别为 956.1℃、1022.8℃和 1116.0℃对应的焙烧产物主要的矿物组成均包含新生成的铁酸二钙（$Ca_2Fe_2O_5$）、石英（SiO_2）和斜硅钙石（Ca_2SiO_4），其中还有未完全反应的 CaF_2。可以确定，其中铁酸二钙是由钠辉石分解出的 Fe_2O_3 与添加进去的 CaO 生成的。4.2.1 节中的分析结果已证实天然钠辉石在 970℃左右分解出 Fe_2O_3，而对于天然钠辉石－萤石－CaO 体系在 960℃就有铁酸二钙生成，说明 Fe_2O_3 与 CaO 的亲和力很强，使钠辉石分解温度稍有下降，而且天然钠辉石分解的同时就合成了铁酸二钙，故在图 4-33 中峰值温度 956.1℃时只存在明显的放热峰，未出现钠辉石分解的吸热峰。

图 4-37 所示为天然钠辉石－萤石－CaO 体系 960℃焙烧产物 SEM－EDS 分析结果。由图 4-37(a) 可以明显地看出，焙烧产物中存在呈多边形的硅酸盐晶体，图 4-37(c) 显示焙烧产物中还包括呈团块状的铁酸钙。

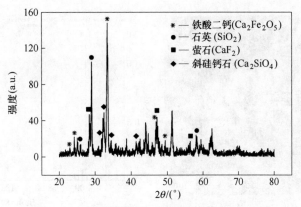

图 4 – 34　天然钠辉石 – 萤石 – CaO 体系 960℃
焙烧产物 XRD 分析结果

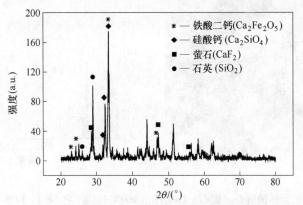

图 4 – 35　天然钠辉石 – 萤石 – CaO 体系 1030℃
焙烧产物 XRD 分析结果

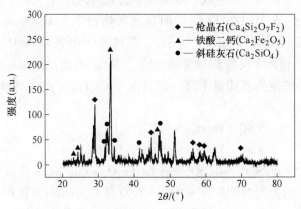

图 4 – 36　天然钠辉石 – 萤石 – CaO 体系 1120℃
焙烧产物 XRD 分析结果

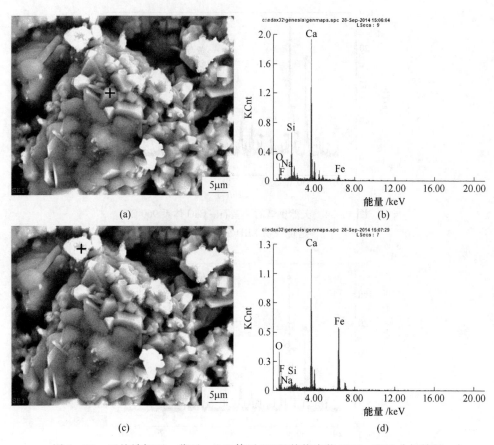

图 4 - 37 天然钠辉石 - 萤石 - CaO 体系 960℃焙烧产物 SEM - EDS 分析结果

图 4 - 38 所示为 $CaO - Fe_2O_3$ 二元相图。图中 CaO 含量小于 50% 时,900℃以上平衡相中就有铁酸二钙生成。本实验中的天然钠辉石 - 萤石 - CaO 体系的碱度为 2.0,容易生成 $2CaO \cdot Fe_2O_3$。而且,在热力学上 Fe_2O_3 与 CaO 直接生成 $Ca_2Fe_2O_5$ 的反应(如式(4 - 8)所示),要优先于生成 $CaFe_2O_4$ 的反应(如式(4 - 9)所示),这两个反应都是放热反应[102,103]。因此,在图 4 - 33 中 956.1℃由于钠辉石的分解使体系能量下降,同时由于 $Ca_2Fe_2O_5$ 的生成体系能量大幅上升,如式(4 - 10)所示。

$$2CaO + Fe_2O_3 \Longrightarrow Ca_2Fe_2O_5 \tag{4-8}$$

$$CaO + Fe_2O_3 \Longrightarrow CaFe_2O_4 \tag{4-9}$$

$$2NaFeSi_2O_6 + 4CaO \longrightarrow Ca_2Fe_2O_5 + Ca_2SiO_4 + 液相 \tag{4-10}$$

图 4 - 35 所示为天然钠辉石 - 萤石 - CaO 体系 1030℃焙烧产物 XRD 分析结果。天然钠辉石 - 萤石 - CaO 体系 1030℃焙烧产物矿物组成与 960℃下的焙烧产物的物相分析结果没有本质的差别。

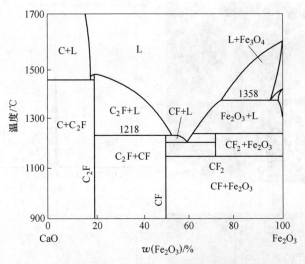

图 4-38 CaO-Fe₂O₃ 二元相图

但是，天然钠辉石-萤石-CaO 体系 1030℃焙烧产物 SEM-EDS 分析结果中出现了氟元素含量较高的物相，如图 4-39 所示。通过 EDS 对图 4-39(c) 和 (e) 中的三角形和树枝状物相中氟元素的含量进行分析，结果显示其原子数百分比均高达 20% 以上，有的部位甚至超过 40%，同时，其中含有与氟的原子数百分比相当的 Ca 元素和少量的 Si、O 和 Na 元素，而基体中氟含量很低，只有 5% 左右。因此，可以确定图 4-39(e) 中树枝状的物相是天然钠辉石-萤石-CaO 体系在冷却过程中，由于熔体中 CaF₂ 的溶解度有限，而且此时未达到气态氟化物生成的温度，于是 CaF₂ 与 SiO₂ 及少量的 Na₂O 共同在晶界析出。谢兵[104] 在进行连铸保护渣相关基础理论研究的过程中发现，渣中加入超过 25% 的 CaF₂，将会有枪晶石和萤石晶体析出。因此，1030℃时该体系中萤石未能全部进入熔体，部分在晶界析出。

图 4-36 和图 4-40 所示分别为天然钠辉石-萤石-CaO 体系 1120℃和 1200℃焙烧产物的 XRD 分析结果。图 4-41 是该体系 1200℃焙烧产物的 SEM-EDS 的分析结果。从图 4-36 可以看出，1120℃下体系中已有枪晶石生成，如式 (4-11) 所示，同时生成铁酸二钙和硅酸二钙。结合图 4-41 和图 4-40 可见，1200℃的焙烧试样中枪晶石已消失，但铁酸二钙和硅酸二钙依然存在，而且有新物相硅酸三钙生成。因此，该温度下枪晶石的稳定性下降，发生分解，分解出 CaF₂ 与 SiO₂ 反应生成 SiF₄，同时生成 Ca₃SiO₅ 和 Ca₂SiO₄，如式 (4-12) 所示。

$$2NaFeSi_2O_6 + CaF_2 + 7CaO \longrightarrow Ca_2Fe_2O_5 + Ca_4Si_2O_7F_2 + Ca_2SiO_4 + 液相$$

$$(4-11)$$

$$2Ca_4Si_2F_2O_7 = 2Ca_3SiO_5 + Ca_2SiO_4 + SiF_{4(g)} \qquad (4-12)$$

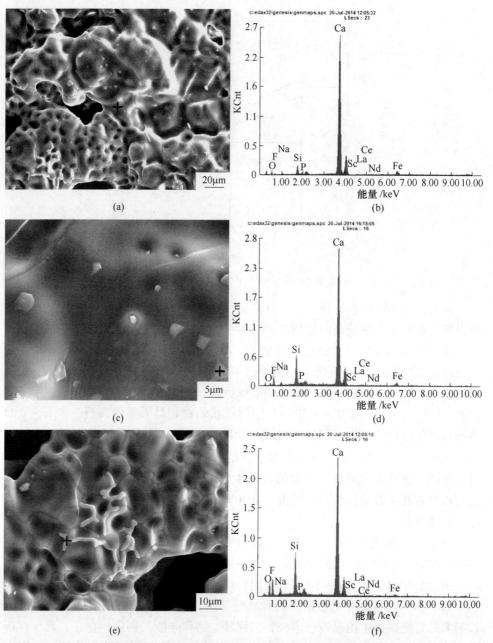

图 4 – 39　天然钠辉石 – 萤石 – CaO 体系 1030℃ 焙烧产物 SEM – EDS 分析结果

　　通过分析 $CaO - SiO_2$ 二元相图可知，硅酸三钙只有在 1250℃ 以上才是稳定的，如果它在此温度下缓慢冷却，会按式（4 – 13）发生分解。在硅酸三钙晶体结构中，Ca^{2+} 离子配位数较正常情况多，并且处于不规则状态，Ca^{2+} 离子具有较高的活性[105]。

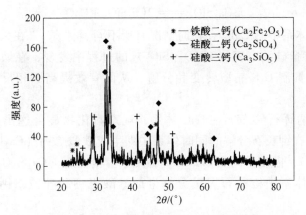

图 4 – 40 天然钠辉石 – 萤石 – CaO 体系
1200℃焙烧产物 XRD 分析结果

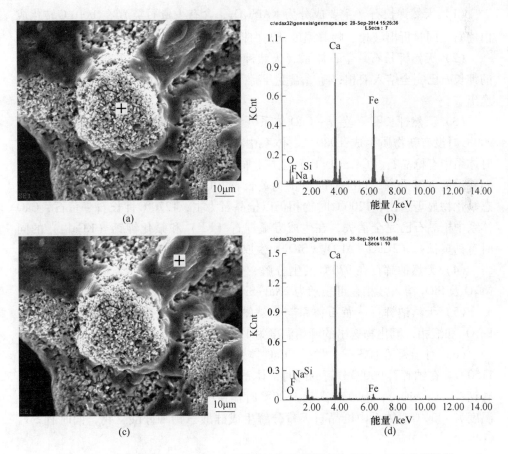

图 4 – 41 天然钠辉石 – 萤石 – CaO 体系 1120℃焙烧产物 SEM – EDS 分析结果

$$3Ca_3SiO_5 \Longrightarrow 2Ca_2SiO_4 + CaO \qquad\qquad (4-13)$$

但是，在体系中有 CaF_2 存在时情况有所不同。林青[106]在采用固相反应制备不同 CaF_2 掺量硅酸三钙（$3CaO \cdot SiO_2$）的过程中发现，在煅烧后急冷过程中，CaF_2 能够抑制 C_3S 晶型转变和分解，从而有效提高固相反应制备 C_3S 的纯度。

对于天然钠辉石－萤石－CaO 体系，气态氟化物显著逸出的开始温度在 1150℃。960℃在钾长石分解的同时体系中即生成铁酸二钙（$Ca_2Fe_2O_5$）和斜硅钙石（Ca_2SiO_4）；温度升高至 1120℃时体系中有枪晶石（$Ca_4Si_2O_7F_2$）生成；温度为 1200℃时体系中枪晶石大量分解生成硅酸三钙和硅酸二钙，同时有 SiF_4 逸出。

4.3　本章小结

（1）天然钾长石（主要成分为 $KAlSi_3O_8$，含有少量石英）在 1110℃转化成白榴石，同时析出液相。随着温度升高白榴石含量减少，液相量增加。

（2）天然钾长石－萤石体系（天然钾长石：CaF_2 = 2：1）在 1100℃时体系中的钾长石已完全熔入液相；随着温度升高，1200℃体系中的气态氟化物开始显著逸出。

（3）天然钾长石－萤石－CaO 体系（天然钾长石：CaF_2：CaO = 10：5：13）在 900℃时没有新物质生成；980℃时体系中有斜硅钙石（Ca_2SiO_4）生成；1090℃时体系中有枪晶石（$Ca_4Si_2O_7F_2$）生成，同时 $KAlSi_3O_8$ 发生分解生成 $KAlSi_2O_6$。随着温度继续升高，1100℃时析出钙黄长石（$Ca_2Al_2SiO_7$）；1150℃时体系有气态氟化物显著逸出；1200℃时物相仍以枪晶石为主；1270℃钾长石－萤石－CaO 体系中枪晶石已完全消失，在生成方氟钾石（KF）和氟化钾钙（$KCaF_3$）的同时有钙黄长石（$2CaO \cdot Al_2O_3 \cdot SiO_2$）生成。

（4）天然钠辉石在 970℃发生分解，生成赤铁矿（Fe_2O_3），同时分解出的 Na_2O 及 SiO_2 溶入液相，可表示为 $2NaFeSi_2O_6 \rightarrow Fe_2O_3 +$ 液相。

（5）天然钠辉石－萤石体系与天然钠辉石相似，在 980℃分解析出赤铁矿 Fe_2O_3 和液相，氟化物逸出的开始温度为 1150℃。

（6）对于天然钠辉石－萤石－CaO 体系，气态氟化物显著逸出的开始温度在 1150℃。在钠辉石 960℃分解的同时，体系中即生成铁酸二钙（$Ca_2Fe_2O_5$）和斜硅钙石（Ca_2SiO_4）；温度升高至 1120℃时体系中有枪晶石（$Ca_4Si_2O_7F_2$）生成；温度为 1200℃时体系中枪晶石大量分解生成硅酸三钙和硅酸二钙，同时有 SiF_4 逸出。

（7）当天然钾长石－萤石体系和天然钠辉石－萤石体系中添加了 CaO 后，在 1100℃附近会生成枪晶石，枪晶石对上述两体系气态氟化物开始逸出温度的影响取决于枪晶石与天然钾长石或天然钠辉石稳定性的差别。枪晶石比天然钾长石稳定，天然钾长石－萤石体系中天然钾长石即使分解生成白榴石和少量液相后，也不会发生氟化反应，而添加 CaO 后枪晶石的生成，促进了钾长石的分解，因此天然钾长石－萤石－CaO 体系氟化物显著逸出的温度（1150℃）低于天然钾长石－萤石体系（1200℃）。但是对于天然钠辉石－萤石体系，由于天然钠辉石的稳定性较差，较低温度下就能分解并析出大量的液相，液相中 SiO_2 在较低温度下就能与 CaF_2 反应，因此枪晶石对该体系氟化物逸出开始温度的影响不显著。

5 铁精矿脉石组分对氟碳铈矿的脱氟作用

铁精矿中的氟元素除以萤石（CaF_2）形态存在外，氟碳铈矿是铁精矿中氟元素的另外一种赋存状态。氟碳铈矿为第二大稀土资源，以矿物类型计占总稀土矿物的 50.60%，广泛分布在中国内蒙古、四川、微山湖流域。氟碳铈矿的化学式为 $RE_2(CO_3)_3 \cdot REF_3$，是碳酸稀土和氟化稀土的复合化合物，其中碳酸稀土约占 2/3，氟化稀土约占 1/3，其矿物成分以轻稀土元素为主，其中铈占稀土元素的 50%左右[107,108]。

5.1 氟碳铈矿的分解

本章研究用氟碳铈矿的矿物组成见表 5-1。其中含氟矿物主要有氟碳铈矿和萤石，含稀土矿物包括氟碳铈矿和独居石矿。实验用氟碳铈矿的化学成分见表 5-2，其中氟元素含量为 6.30%。

表 5-1　氟碳铈矿的矿物组成　　　　　（质量分数/%）

矿物种类	氟碳铈矿	独居石	铁矿物	闪石辉石	云母	萤石	碳酸盐	磷灰石	重晶石	石英长石	黄铁矿	其他	合计
含量	64.87	9.61	5.42	1.89	0.84	4.73	4.60	3.26	1.45	1.42	0.67	1.24	100.00

表 5-2　氟碳铈矿的化学成分　　　　　（质量分数/%）

TFe	SiO_2	P_2O_5	S	F	Al_2O_3	CaO
3.80	0.79	7.88	0.49	6.30	0.11	3.40

MgO	K_2O	Na_2O	BaO	REO	P-REO	F-REO
0.49	0.04	0.08	0.89	67.39	10.21	57.18

将氟碳铈矿在 110℃干燥 2h 后，研磨至 0.074mm 以下。然后，在 Ar 气氛下，以 10℃/min 的升温速率从室温升至 1350℃，进行 DTA-TG 分析，分析结果如图 5-1 所示。

图 5-1 中 DTA 曲线在 402.3~617.6℃之间有 1 个明显的吸热峰，峰值温度为 544.6℃，从图 5-1 中的 TG 曲线可以看出在该温度范围内伴随有明显的失重现象，失重率达 12.95%。随着温度继续升高，在峰值温度为 996.1℃有 1 个放热峰，并伴随 1%左右的失重。

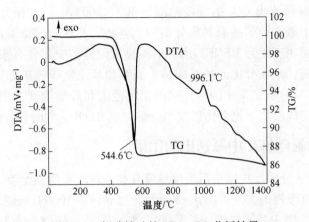

图 5 – 1　氟碳铈矿的 DTA – TG 分析结果

就第 1 个峰值温度为 544.6℃ 的吸热峰来说，应为氟碳铈矿的分解温度，即 $REFCO_3$ 受热分解释放出 CO_2 气体，如式（5 – 1）所示。图 5 – 2 所示为该氟碳铈矿 550℃ 下焙烧，保温 2h 焙烧产物的 XRD 分析结果。可以看出，氟碳铈矿 550℃ 焙烧产物主要的矿物组成为稀土氟氧化物（REOF）和稀土磷酸盐（$REPO_4$），说明该温度下焙烧 2h，氟碳铈矿已完全分解，释放出 CO_2 并生成 REOF。

$$REFCO_3 \Longrightarrow REOF + CO_2 \qquad\qquad (5-1)$$

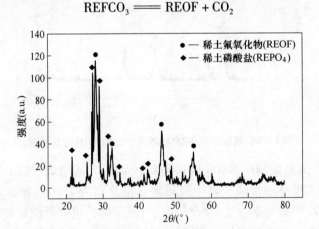

图 5 – 2　氟碳铈矿 550℃ 焙烧产物的 XRD 分析结果

关于氟碳铈矿的分解过程前人已做过深入的研究，并得出了相对一致的结论，即氟碳铈矿升温过程最先发生的失重现象是由氟碳铈矿分解释放出 CO_2 气体造成的。通过差热 – 热重分析，向军等[109,110]确定天然氟碳铈矿晶体分解释放出 CO_2 的温度范围是 474 ~ 580℃，峰值温度为 560℃；氟碳铈矿分解释放 CO_2 的温度范围是 420 ~ 500℃，峰值温度为 480℃。涂赣峰等[111,112]确定的氟碳铈矿分解释放出 CO_2 的温度范围是 320 ~ 580℃，峰值温度为 473.7℃。柳召刚等[113]确定的氟碳铈矿分解释放出 CO_2 的温度范围是 $400 \sim 560℃$。上述研究结果之所以存在差异，是由于氟碳铈矿的原料成分不同。但是，上述研究都通过 XRD 衍射分析证实分解后固相产物为 REOF。由于本实验氟碳铈矿中还含有萤石、独居石矿和碳酸盐等矿物，其成分比天然氟碳铈矿晶体和其他氟碳铈矿都要复杂，因此，本实验 DTA – TG 分析结果中的吸热峰的温度范围和峰值温度有别于其他研究结果，但可以确定该温度下氟碳铈矿发生分解生成 REOF，同时释放出 CO_2。

5.2　SiO_2 对氟碳铈矿中氟逸出的作用

图 5 – 1 中，分解反应结束后温度继续升高，对应峰值温度为 996.1℃的放热反应体系仍伴有缓慢的失重。图 5 – 3 所示为氟碳铈矿 1000℃焙烧 2h 焙烧产物的 XRD 分析结果。图中显示氟碳铈矿 1000℃焙烧 2h 后，焙烧产物主要的矿物组成仍然是稀土氟氧化物和稀土磷酸盐，与 550℃相比，焙烧产物中稀土氟氧化物的含量有所增加，但在该温度下焙烧产物中未出现其他稀土化合物。

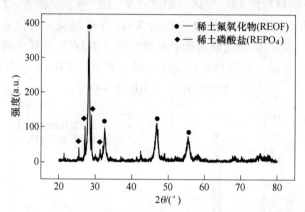

图 5 – 3　氟碳铈矿 1000℃焙烧产物的 XRD 分析结果

向军等[109]对氟碳铈矿 500℃和 1000℃下保温 1h 的焙烧产物中的氟元素含量进行了检测，结果显示焙烧产物中氟元素含量分别为 7.09% 和 6.20%，与 CO_2 完全释放后样品中氟元素含量 8.66% 相比有所下降，也就是说氟碳铈矿在焙烧过程中有脱氟现象，并将氟碳铈矿焙烧过程的脱氟现象解释为如下两步：

$$(Ce, La)CO_3F + O_2 \longrightarrow (Ce, La)O_{1+x}F_x + CO_2 + F \qquad (5-2)$$

$$(Ce, La)O_{1+x}F_x + O_2 \longrightarrow Ce_{0.75}Nd_{0.25}O_{1.875} + La_2O_3 + F \qquad (5-3)$$

但是，式（5 – 2）和式（5 – 3）中将氟元素确定为以氟单质的形式存在是不符合实际的。氟单质的化学性质极为活泼，是氧化性最强的物质之一，甚至可以和部分惰性气体在一定条件下发生反应[114]，故焙烧过程中氟应以化合态的形式逸出。因此，氟碳铈矿焙烧过程中的脱氟现象的解释还需从别的角度进行分析，应考虑氟碳铈矿中哪些元素有可能与氟元素结合。

不同研究者对焙烧后的氟碳铈矿矿物组成的分析结果不同。张世荣等[115,116]对天然氟碳铈矿晶体在空气中850℃保温1h后的焙烧产物进行了物相分析，结果显示其矿物组成包括（Ce，Pr）La₂O₃F₃、Ce₀.₇₅Nd₀.₂₅O₁.₈₇₅、Ce₂O₃ 和 PrO₁.₈₃；天然氟碳铈矿晶体中 SiO₂ 含量为2.91%。向军等[110]对 N₂ 气氛下1000℃保温1h后的天然氟碳铈矿晶体的焙烧产物进行了 XRD 分析，结果表明其中的矿物组成包括（Ce，La）OF 和（Ce，La）O₄F₃。但是，向军等[109]对空气中1000℃保温1h后的氟碳铈矿的物相分析结果显示，焙烧产物中只有 Ce₀.₇₅Nd₀.₂₅O₁.₈₇₅ 和 La₂O₃ 存在，该氟碳铈矿中 SiO₂ 含量为4.79%，而且焙烧产物中氟含量明显下降。柳召刚等[113]对氟碳铈矿在空气中750℃保温5h后的焙烧产物进行了物相分析，结果表明其矿相包括 Ce₀.₇₅Nd₀.₂₅O₁.₈₇₅、PrO₁.₈₃、LaF₃ 和 REOF，该氟碳铈矿中 SiO₂ 含量仅为0.20%。所以，对上述研究结果进行对比分析可以发现，氟碳铈矿焙烧产物的赋存状态与焙烧温度、焙烧气氛和焙烧时间没有决定性的关系，即焙烧产物中是否含有氟主要取决于氟碳铈矿的成分，即 SiO₂，氟碳铈矿中 SiO₂ 含量越高，焙烧过程氟逸出越明显。

《无机化合物热力学数据手册》[75]中能找到的稀土氟氧化物的标准吉布斯自由能数据只有 SmOF。计算反应（5-4）所需的热力学数据见表5-3。

$$4SmOF + SiO_2 \rightleftharpoons 2Sm_2O_3 + SiF_{4(g)} \tag{5-4}$$

表5-3 反应（5-4）相关热力学数据

温度/K	$G/\text{J} \cdot \text{mol}^{-1}$				$\Delta G^{\ominus}_{SiF_4}/\text{J} \cdot \text{mol}^{-1}$	$\Delta G_{SiF_4}/\text{J} \cdot \text{mol}^{-1}$
	Sm₂O₃	SiF₄	SmOF	SiO₂		
298	-1877.21	-1699.06	-1176.9	-923.22	177.34	-5521.08
400	-1894.45	-1729.01	-1187.71	-928.19	161.12	-7487.76
600	-1937.30	-1793.89	-1214.13	-941.85	129.88	-11343.4
800	-1989.29	-1865.10	-1245.99	-959.84	100.12	-15197.6
1000	-2048.41	-1941.28	-1283.33	-981.53	76.75	-19045.5
1200	-2113.42	-2021.55	-1324.12	-1006.04	54.13	-22892.5
1400	-2183.68	-2105.30	-1367.87	-1032.92	31.74	-26739.3

从表5-3中可以看出，不同温度下该反应的 $\Delta G^{\ominus}$ 其值均大于零，表示该反应在标准状态下不能发生。但实际上，大气中的 SiF₄ 的分压（p_{SiF_4}）很小，几乎为零。因此，即使当 p_{SiF_4} 为10kPa时，反应（5-4）的 ΔG 按照式（5-5）进行计算，其值均小于零，见表5-3。

$$\Delta G = \Delta G^{\ominus} + RT\ln p_{SiF_4} \tag{5-5}$$

表5-3中的计算结果说明，从热力学角度讲只要氟碳铈矿分解成 REOF，氟碳铈矿中的杂质 SiO₂ 就会与其反应生成 SiF₄，从而起到脱氟的作用，即氟逸出在

氟碳铈矿分解出 CO_2 生成 REOF 之后就可能开始进行。因此，氟碳铈矿释放出 CO_2 后进一步失重的原因可以用式（5 - 6）来解释。

$$4REOF + SiO_2 \Longrightarrow 2RE_2O_3 + SiF_{4(g)} \qquad (5-6)$$

但具体到本实验所用氟碳铈矿与 SiO_2 生成 SiF_4 的温度还需进一步确定。图 5 - 4 所示为氟碳铈矿与化学纯试剂 SiO_2 混合物的 DTA - TG 的分析结果，其中 SiO_2 的质量分数为 15%，氟含量为 5. 36%，测试条件为 Ar 气氛下，升温速率为 10℃/min。

图 5 - 4 中第 1 个吸热峰的温度范围是 504. 6 ~ 579. 7℃，峰值温度为 558. 6℃，对应的失重率为 11. 04%，该吸热反应为氟碳铈矿释放出 CO_2 的过程；从 579. 7℃开始到第 2 个吸热峰结束温度 1030. 3℃，体系失重率为 0. 96%；温度继续升高到升温结束，体系又失重 2. 39%，即氟碳铈矿分解出 CO_2 后体系仍出现 3. 35% 的失重。

该体系总的氟含量为 5. 36%，其中氟碳铈矿中氟为 4. 77%，其余的氟来自于萤石，即氟碳铈矿中的氟占 88. 99%，为大多数。若该体系中氟碳铈矿释放出 CO_2，生成 REOF 后，脱氟反应（5 - 6）就能发生，1030. 3℃之前体系的失重速率应大于该温度之后升温过程中体系的失重速率，但实际上，1030. 3℃之后体系失重更明显。因此，脱氟反应更有可能发生在峰值温度为 1082. 6℃的吸热反应过程中。

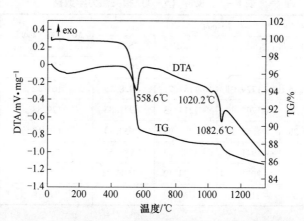

图 5 - 4　氟碳铈矿与 SiO_2 混合物 DTA - TG 分析结果

本实验用氟碳铈矿中除含有氟碳铈矿、独居石矿、萤石、铁矿物等矿物外，还含有 4. 60% 的碳酸盐，且根据表 5 - 2 可以推测该碳酸盐很可能为白云石。白云石的最高分解温度在 660℃以上 990℃以下[117~119]，而且碳酸盐分解温度大多在 1000℃以下[120,121]；稀土精矿中也会含有其他挥发性物质或结晶水。因此，图 5 - 3 中 558. 6℃以上出现的失重也包括碳酸盐的分解和其他挥发物的逸出，但温度范围应在 1000℃以内。

图 5-5 所示为氟碳铈矿与 SiO_2 混合物 1080℃ 焙烧产物 XRD 分析结果。图 5-5 说明经过 1080℃ 焙烧后，氟碳铈矿在 SiO_2 的作用下已全部转化为稀土氧化物，发生了如式（5-6）所示的脱氟反应。

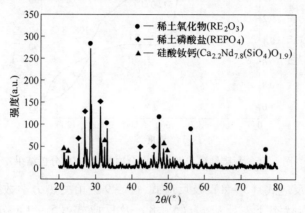

图 5-5　氟碳铈矿与 SiO_2 混合物 1080℃ 焙烧产物 XRD 分析结果

5.3　氟碳铈矿与 K_2O 和 Na_2O 的相互作用

柳召刚等[122]对氟碳铈矿精矿碳酸钠焙烧反应机制进行了研究，发现在添加 20% 碳酸钠的氟碳铈矿 750℃ 焙烧 5h 的样品中 $REFCO_3$ 的衍射峰已消失，同时出现 NaF 相的衍射峰，因此认为氟碳铈矿精矿 Na_2CO_3 焙烧时首先分解为 REOF，然后 REOF 在 Na_2CO_3 的作用下，发生如式（5-7）所示反应：

$$2REOF + Na_2CO_3 \rlap{=}{=} RE_2O_3 + 2NaF + CO_2 \qquad (5-7)$$

乔军等[123]在研究包头稀土精矿碳酸钠焙烧反应动力学的过程中，对添加 15% 碳酸钠的包头矿分别在 600℃ 和 800℃ 焙烧 3h，发现试样中的氟含量从焙烧前的 4.93% 分别下降到焙烧后的 4.18% 和 2.23%，该实验结果同样也说明碳酸钠对氟碳铈矿中氟的逸出有作用。

图 5-6 所示为氟碳铈矿与钾长石按质量比 75%：25% 形成的混合物，在 Ar 气气氛中，升温速率 10℃/min 下进行差热-热重的分析结果。图 5-6 中第 1 个峰值温度为 547.0℃ 的吸热峰依然发生的是氟碳铈矿分解放出 CO_2 的化学反应，此过程体系失重 9.78%。体系中还出现了 1 个峰值温度为 1063.8℃ 的弱吸热峰，并伴随有 7.22% 的失重，该温度与图 5-4 中氟碳铈矿与 SiO_2 混合物升温过程最后一个吸热峰的峰值温度（1082.6℃）比较接近。

氟碳铈矿-钾长石体系中氟碳铈矿的质量百分比为 75%，与氟碳铈矿-SiO_2 体系相比带入的氟含量要少，但前者在高温下失重率更大（前者为 7.22%，后者为 3.35%）。因此，可以判断钾长石中 K_2O 可能与 REOF 相互作用，生成 KF 逸出使体系失重率增加。

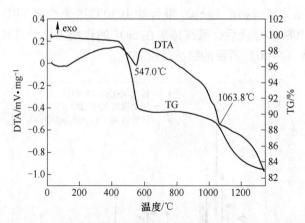

图 5-6 氟碳铈矿与钾长石混合物 DTA-TG 分析结果

表 5-4 为反应式（5-8）及反应式（5-9）相关热力学数据。从表 5-4 可以看出，标准状态下，反应式（5-8）及反应式（5-9）分别在 600K 和 1000K 开始发生，而且随着温度升高，$\Delta G^{\ominus}_{KF}$ 和 $\Delta G^{\ominus}_{NaF}$ 均呈现下降的趋势，故可以推断白云鄂博铁精矿焙烧过程中，氟碳铈矿与含钾、钠的脉石是可能发生相互作用的，但反应产物 KF 或 NaF 的熔点较高，分别为 885℃ 和 993℃，因此反应（5-8）和反应（5-9）的发生对焙烧过程体系产生失重受温度影响会更明显。

$$2SmOF + K_2O \Longrightarrow Sm_2O_3 + 2KF_{(g)} \qquad (5-8)$$

$$2SmOF + Na_2O \Longrightarrow Sm_2O_3 + 2NaF_{(g)} \qquad (5-9)$$

表 5-4 反应（5-8）及反应（5-9）的相关热力学数据 （J/mol）

温度	$G^{\ominus}$						$\Delta G^{\ominus}_{KF}$	$\Delta G^{\ominus}_{NaF}$
	Sm_2O_3	KF	NaF	SmOF	K_2O	Na_2O		
298K	-1877.21	-393.46	-358.14	-1176.9	-391.24	-440.36	80.91	200.67
400K	-1894.45	-417.08	—	-1187.71	-402.18	-449.13	48.99	—
600K	-1937.30	-466.07	-427.95	-1214.13	-430.06	-471.86	-11.12	106.92
800K	-1989.29	-517.57	-477.56	-1245.99	-464.52	-500.34	-67.93	47.91
1000K	-2048.41	-570.97	-529.06	-1283.33	-504.30	-533.40	-119.39	-6.47
1200K	-2113.42	-625.89	-582.06	-1324.12	-538.08	-570.59	-178.88	-58.71
1400K	-2183.68	-682.09	-636.34	-1367.87	—	-612.61	—	-108.01

注："—"表示《无机化合物热力学数据手册》未提供相关数据。

图 5-7 所示为氟碳铈矿与钾长石混合物 1100℃ 保温 2h 焙烧产物的 XRD 分析结果。图中显示该体系 1100℃ 焙烧后的物相组成与氟碳铈矿-SiO_2 体系的相似，说明 REOF 向 RE_2O_3 转化得比较完全，但由于钾长石与 REOF 反应生成的 KF 在焙烧产物的矿相中含量有限，而且 KF 生成后容易进入液相，所以焙烧产物

的 XRD 分析结果中未出现 KF。

由于以往的研究结果已经证实氟碳铈矿分解的中间产物 REOF 能够与 Na_2CO_3 反应生成 NaF。而钠辉石在 1000℃ 就能析出 Fe_2O_3，同时生成液相，结合热力学计算，可以推断钠辉石与 REOF 也能发生脱氟反应，逸出 SiF_4 气体的同时生成 NaF。但是，取自白云鄂博矿的钠辉石中含有萤石，将其与氟碳铈矿混合后进行焙烧实验，无法准确判断钠辉石对氟碳铈矿还是对萤石起到脱氟的作用，因此未进行钠辉石与氟碳铈矿混合物的焙烧实验。

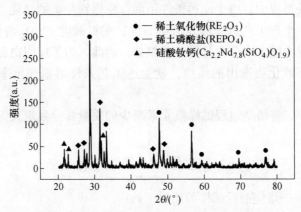

图 5-7 氟碳铈矿与钾长石混合物 1100℃ 焙烧产物的 XRD 分析结果

5.4 本章小结

（1）本书研究用氟碳铈矿（$REFCO_3$）首先在 402.3 ~ 617.6℃ 温度范围内分解释放出 CO_2，同时生成稀土氟氧化物（REOF）。温度继续升高，REOF 与 SiO_2 在 1080℃ 相互作用生成气态氟化物 SiF_4 和 RE_2O_3，SiO_2 对氟碳铈矿起到脱氟的作用，这是在以往的研究中被忽视的内容。

（2）钾长石能够在氟碳铈矿分解之后与 REOF 作用，在 1100℃ 生成 KF 并逸出，从而促进氟碳铈矿的脱氟。

6 铁精矿焙烧过程氟逸出率的影响因素

铁矿粉造块过程中，由于原料条件不同，使得铁精矿的焙烧工艺不同。实际烧结矿及球团矿生产工艺过程涉及焙烧温度、配料碱度、SiO_2 含量、焙烧时间、混料或造球过程中配入水分含量等工艺参数。因此，为了探明白云鄂博铁精矿实际焙烧过程气态氟化物逸出的规律，就上述工艺条件对氟逸出率的影响进行了研究。

研究过程中，将焙烧过程试样氟元素减少的质量百分数定义为氟逸出率，如式（6-1）所示。

$$氟逸出率 = \frac{m_0 w_0 - m_1 w_1}{m_0 w_0} \times 100\% \qquad (6-1)$$

式中　m_0，m_1——焙烧前后试样的质量，g；

　　　w_0，w_1——焙烧前后试样中氟元素的质量百分数，%。

本书研究用白云鄂博铁精矿具体化学成分见表 6-1。

表 6-1　白云鄂博铁精矿化学成分组成　　　（质量分数/%）

TFe	FeO	CaO	SiO_2	MgO	S	P	F	K_2O	Na_2O	Al_2O_3
63.40	25.25	1.60	3.47	0.84	0.70	0.09	0.50	0.18	0.24	0.38

6.1 焙烧温度对氟逸出率的影响

变温度系列焙烧实验采用的实验原料为单一的白云鄂博铁精矿，不配入其他原料，保持其碱度及 SiO_2 含量不变。单因素焙烧实验过程中设定焙烧温度分别为 1000℃、1050℃、1100℃、1150℃、1200℃ 五个水平，控制焙烧时间均为 60min，焙烧结束后，根据焙烧前后试样的质量及焙烧后试样的氟含量，计算焙烧过程各试样的氟逸出率，从而得出焙烧温度对白云鄂博铁精矿氟逸出率的影响规律。

表 6-2 给出了改变焙烧温度焙烧后试样的氟含量。根据表 6-2 可以得到焙烧温度对白云鄂博铁精矿焙烧过程氟逸出率的影响，如图 6-1 所示。

从图 6-1 中可以看出，随着焙烧温度的升高，白云鄂博铁精矿焙烧过程氟逸出率不断增加，从 1000℃ 到 1200℃ 增加幅度为 47.55%；当焙烧温度达到 1200℃ 时，氟逸出率最高达到 71.72%。通过本书对不同体系氟化反应热力学分析的相关内容可知，SiF_4、KF、NaF 等氟化物的生成多为吸热反应，高温有利于气态氟化物的逸出。

表 6 - 2 改变焙烧温度焙烧后试样的氟含量

焙烧温度/℃	焙烧时间/min	焙烧后试样氟元素质量分数/%	焙烧过程氟逸出率/%
1000	60	0.37	24.17
1050	60	0.30	38.22
1100	60	0.21	56.96
1150	60	0.18	63.65
1200	60	0.14	71.72

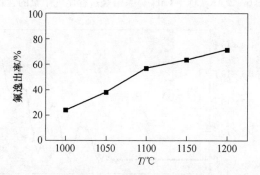

图 6 - 1 焙烧温度对白云鄂博铁精矿氟逸出率的影响

图 6 - 2 ~ 图 6 - 6 所示为不同体系焙烧过程尾气中氟元素含量的检测结果。本书研究用含氟气体检测装置的功能为在线分析尾气中氟元素的总含量。为了保证可比性，将不同体系试样中氟元素的含量均固定在 3.00g，然后配入适量的化学纯试剂 SiO_2，含钾、钠的化学纯试剂或天然矿物。

图 6 - 2 和图 6 - 3 所示分别为 K_2CO_3 - CaF_2 体系和 Na_2CO_3 - CaF_2 体系焙烧过程尾气中氟元素含量的检测结果。从上述两图可以看出，由于 KF 和 NaF 的沸点较高（分别为 1505℃ 和 1704℃），生成后逸出的过程快速在管路上冷凝，实验过程中可以明显观察到透明的玻璃管内壁上出现大量的凝结物，因此含氟气体浓度检测仪上的示数最高不超过 0.40×10^{-6}。同时，图中显示，KF 和 NaF 开始逸出的温度均在 1000℃ 以上，分别为 1120℃ 和 1060℃，即 KF 逸出的温度高于 NaF。第 3 章中关于上述两体系氟化物的生成进行了热力学分析，并得出 KF 和 NaF 显著逸出的温度分别为 1200℃ 和 1150℃，此结论与含氟气体分析仪检测结果相一致。

图 6 - 4 所示为 SiO_2 - CaF_2 体系焙烧过程尾气中氟元素含量的检测结果。与 K_2CO_3 - CaF_2 体系和 Na_2CO_3 - CaF_2 体系相比，SiO_2 - CaF_2 体系焙烧过程尾气中氟元素含量大幅增加，焙烧温度为 1300℃ 时，尾气中氟含量最高，达到 55 ×

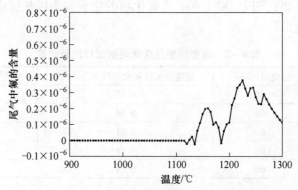

图 6 - 2 K₂CO₃ - CaF₂ 体系焙烧过程尾气中氟的含量

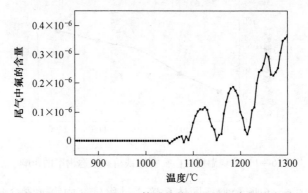

图 6 - 3 Na₂CO₃ - CaF₂ 体系焙烧过程尾气中氟的含量

10^{-6}。氟化物开始逸出的温度为 1100℃，在 1160℃ 出现第一个峰值 40×10^{-6} 后下降，1230℃ 时尾气中氟化物浓度较低，约为 15×10^{-6}，温度超过 1270℃ 尾气中氟含量又继续升高。分析其原因，$SiO_2 - CaF_2$ 体系在焙烧过程中生成 SiF_4 的同时，有固相产物层 $CaSiO_3$ 生成，并覆盖在反应物表面上，影响了 SiF_4 的逸出，待温度继续升高后，产物层熔化，SiF_4 重新大量生成。

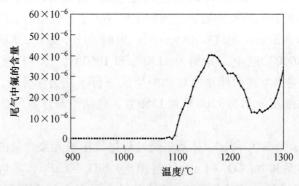

图 6 - 4 SiO₂ - CaF₂ 体系焙烧过程尾气中氟的含量

对 $CaF_2 - SiO_2$ 渣系的非等温挥发行为的研究结果表明[124~126]，一定温度下渣系熔化后，自由 SiO_2 与 CaF_2 在熔渣中扩散，碰撞几率增大，残存的高熔点化合物也为挥发反应生成物长大提供形核中心，使其迅速转移，促使挥发反应激烈进行，失重率迅速增加。因此，焙烧温度越高，白云鄂博铁精矿中的活性质点数量越多，焙烧过程氟逸出率越大。

图 6-5 和图 6-6 所示分别为天然钾长石 - 萤石体系和天然钠辉石 - 萤石体系焙烧过程尾气中氟元素含量的检测结果。从图 6-5 和图 6-6 可以看出，上述两体系在焙烧过程中尾气中氟元素含量均随温度的升高呈现持续上升的趋势，最高含量分别达到 95×10^{-6} 和 57×10^{-6}，出现此差别的原因在于天然钾长石中 SiO_2 的含量为 68.40%，高于天然钠辉石（其中 SiO_2 含量为 35.53%）。天然钾长石 - 萤石体系气态氟化物开始逸出的温度高于天然钠辉石 - 萤石体系，两者分别为 1180℃ 和 1120℃。对于天然钾长石 - 萤石体系，虽然天然钾长石中含有约 35% 的石英，但其氟化物开始逸出温度远高于 $SiO_2 - CaF_2$ 体系。可见，天然钾长石中的石英的存在状态要比化学纯试剂 SiO_2 的结构复杂。天然钠辉石 - 萤石体系中 $NaFeSi_2O_6$ 在 970℃ 就能分解出赤铁矿并析出液相，但由于此时 CaF_2 不能溶入生成的液相中，故只有温度继续升高氟化反应才能发生。

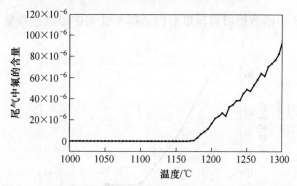

图 6-5　天然钾长石 - 萤石体系焙烧过程尾气中氟的含量

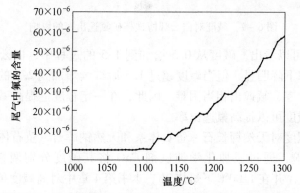

图 6-6　天然钠辉石 - 萤石体系焙烧过程尾气中氟的含量

6.2 碱度对氟逸出率的影响

采用白云鄂博铁精矿为主要原料,通过配加化学纯试剂 CaO、SiO$_2$ 和 CaF$_2$,将原料的碱度(二元碱度)分别调整为 0.5、1.0、1.5、2.0、2.5,同时保证氟的质量分数为 0.50%、SiO$_2$ 的质量分数为 3.5% 不变。焙烧结束后,通过焙烧前后各试样的质量及其氟含量,计算焙烧过程氟逸出率,以确定碱度对白云鄂博铁精矿焙烧过程氟逸出率的影响规律。具体焙烧条件及焙烧后试样的氟含量见表 6-3。

表 6-3 改变碱度焙烧后试样氟元素含量

碱度	焙烧温度/℃	焙烧时间/min	焙烧后试样氟元素质量分数/%	焙烧过程氟逸出率/%
0.5	1150	60	0.21	57.59
1.0	1150	60	0.36	25.53
1.5	1150	60	0.48	3.47
2.0	1150	60	0.48	3.08
2.5	1150	60	0.49	2.00

根据表 6-3 中的数据可得碱度对白云鄂博铁精矿焙烧过程氟逸出率的影响,如图 6-7 所示。

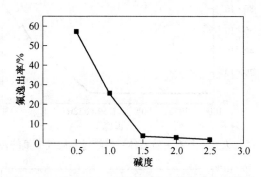

图 6-7 碱度对白云鄂博铁精矿氟逸出率的影响

从图 6-7 可以看出,碱度从 0.5 增加到 1.5 的过程中,白云鄂博铁精矿焙烧过程氟逸出率下降明显,但当碱度超过 1.5 后继续增加到 2.5 的过程中,氟逸出率的变化趋于零,氟逸出相当困难。因此,在一定程度上提高碱度能够抑制氟的逸出,降低碱度可以提高氟逸出率。

为了研究碱度对天然钾长石-萤石体系和天然钠辉石-萤石体系焙烧过程氟化物逸出的影响,通过添加化学纯试剂 CaO 将其碱度分别调整为 0.5、1.0、1.5、2.0 及 2.5,并在 1100℃ 下焙烧 2h。本书第 4 章中对高碱度条件下上述两体系焙烧产物的热力学性质进行了较为细致的研究,并确定 1100℃ 是高碱度的条件下上述两体系生成枪晶石的温度，故在此温度下焙烧不同碱度的天然钾长石 – 萤石体系和天然钠辉石 – 萤石体系，能够揭示碱度的变化对枪晶石生成的影响；又由于枪晶石有稳定 CaF_2 的作用，进而可以进一步揭示碱度与氟逸出率的关系。图 6 – 8 ~ 图 6 – 12 所示为不同碱度条件下天然钾长石 – 萤石体系焙烧产物的 XRD 分析结果。

通过比较图 6 – 8 ~ 图 6 – 12 可以确定，将不同碱度（0.5 ~ 2.5）的天然钾长石 – 萤石体系在 1100℃ 下焙烧，均可以获得枪晶石。但是，碱度不同焙烧产物的矿物组成存在差别，当碱度从 0.5 增加到 1.5 的过程中，焙烧产物中枪晶石的含量增加；当碱度超过 1.5 达到 2.0 时体系中出现斜硅钙石（Ca_2SiO_4）和铝酸三钙（$Ca_3Al_2O_6$）。

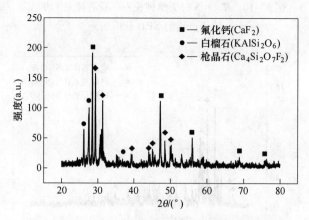

图 6 – 8　$R = 0.5$ 时天然钾长石 – 萤石体系 1100℃
焙烧产物的 XRD 分析结果

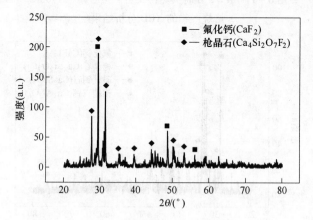

图 6 – 9　$R = 1.0$ 时天然钾长石 – 萤石体系 1100℃
焙烧产物的 XRD 分析结果

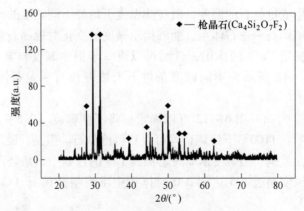

图 6 – 10 $R = 1.5$ 时天然钾长石 – 萤石体系 1100℃
焙烧产物的 XRD 分析结果

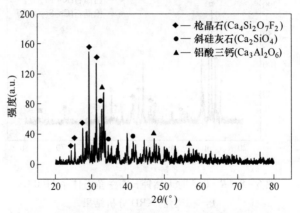

图 6 – 11 $R = 2.0$ 时天然钾长石 – 萤石体系 1100℃
焙烧产物的 XRD 分析结果

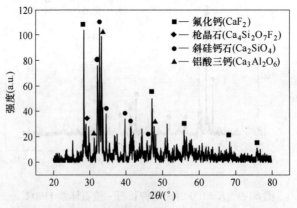

图 6 – 12 $R = 2.5$ 时天然钾长石 – 萤石体系 1100℃
焙烧产物的 XRD 分析结果

图 6-13~图 6-17 所示为不同碱度的天然钠辉石-萤石体系 1100℃ 焙烧产物的 XRD 分析结果。比较上述 5 图可以看出，碱度在 1.5 以下时，体系主要只包括枪晶石（$Ca_4Si_2O_7F_2$）和赤铁矿（Fe_2O_3）；当碱度升高至 2.0 时，体系中赤铁矿消失，开始出现铁酸二钙（$Ca_2Fe_2O_5$）；当碱度升高至 2.5 时，体系出现斜硅钙石（Ca_2SiO_4）。

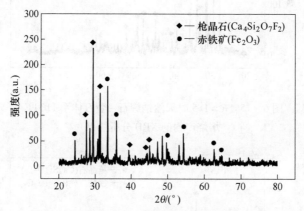

图 6-13　$R=0.5$ 时天然钠辉石-萤石体系 1100℃
焙烧产物的 XRD 分析结果

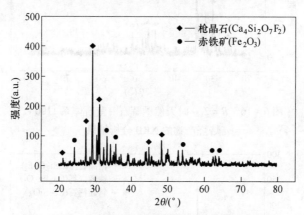

图 6-14　$R=1.0$ 时天然钠辉石-萤石体系 1100℃
焙烧产物的 XRD 分析结果

图 6-18 和图 6-19 所示分别为由 FactSage 6.4 热力学软件计算所得 1100℃ 和 1300℃ 下 $CaO-SiO_2-CaF_2$ 三元渣系相平衡组成图。图 6-18 中④~⑧区域内有枪晶石存在，这些区域碱度变化的范围在 0~1.85 之间，其中 CaF_2 含量的变化范围在 0~60% 之间，可见枪晶石生成的成分范围是比较宽的。在⑦区域内固相组成只有枪晶石一种，此时体系的碱度约为 1.5，CaF_2 的变化范围在 20%~60% 之间。随着温度继续升高，1300℃ 时 $CaO-SiO_2-CaF_2$ 三元渣系中有枪晶石

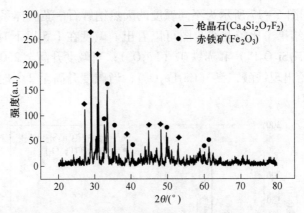

图 6-15 R=1.5 时天然钠辉石-萤石体系 1100℃
焙烧产物的 XRD 分析结果

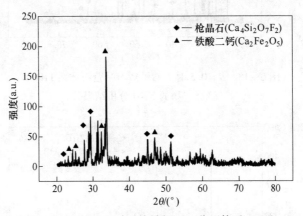

图 6-16 R=2.0 时天然钠辉石-萤石体系 1100℃
焙烧产物的 XRD 分析结果

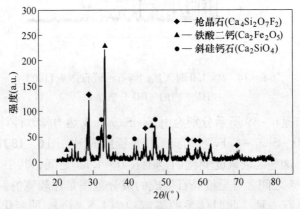

图 6-17 R=2.5 时天然钠辉石-萤石体系 1100℃
焙烧产物的 XRD 分析结果

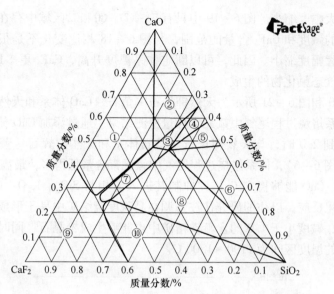

图 6-18 CaO - SiO₂ - CaF₂ 三元渣系 1100℃相平衡组成图

①Slag + CaO；②Slag + CaO + Ca₂SiO₄；③Slag + Ca₂SiO₄；④Ca₂SiO₄ + Ca₃Si₂O₇ + Ca₄Si₂O₇F₂；

⑤CaSiO₃ + Ca₃Si₂O₇ + Ca₄Si₂O₇F₂；⑥SiO₂ + CaSiO₃ + Ca₄Si₂O₇F₂；⑦Slag + Ca₄Si₂O₇F₂；

⑧Slag + SiO₂ + Ca₄Si₂O₇F₂；⑨Slag；⑩Slag + SiO₂

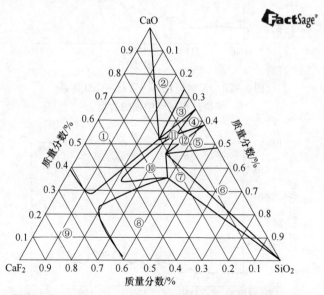

图 6-19 CaO - SiO₂ - CaF₂ 三元渣系 1300℃相平衡组成图

①Slag + CaO；②Slag + CaO + Ca₃SiO₅；③Slag + Ca₂SiO₄ + Ca₃SiO₅；④Slag + Ca₂SiO₄ + Ca₃Si₂O₇；

⑤CaSiO₃ + Ca₃Si₂O₇ + Ca₄Si₂O₇F₂；⑥SiO₂ + CaSiO₃ + Ca₄Si₂O₇F₂；⑦Slag + SiO₂ + Ca₄Si₂O₇F₂；

⑧Slag + SiO₂；⑨Slag；⑩Slag + Ca₄Si₂O₇F₂；⑪Slag + Ca₂SiO₄；⑫Slag + Ca₃Si₂O₇ + Ca₄Si₂O₇F₂

存在的区域大幅度缩小。图 6-19 中只有⑤~⑦、⑩和⑫区域中存在枪晶石,虽然这些区域的碱度和 CaF_2 含量的范围,与图 6-18 相比变化不是很大,但在相图上的面积大幅度缩小。因此,可以断定体系温度升高,CaF_2 更多地进入渣相,从而有助于气态氟化物的生成。

图 6-20 和图 6-21 所示为天然钾长石-萤石-CaO 体系和天然钠辉石-萤石-CaO 体系焙烧过程尾气中氟元素含量检测结果。通过添加 CaO 使上述二体系中碱度提高到 2.0 时,与天然钾长石-萤石体系和天然钠辉石-萤石体系相比(图 6-5 和图 6-6),体系焙烧过程尾气中氟元素含量低得多,最高不超过 10×10^{-6}。因此,CaO 能够稳定 CaF_2,抑制其进入渣相与 SiO_2、K_2O、Na_2O 等脉石组分发生氟化反应。以往的研究往往强调在高碱度烧结矿中易于形成枪晶石,但本研究证实,碱度小于 1.0 的含氟铁精矿中也能够生成枪晶石,同时明确了枪晶石稳定存在的温度区间为 1100~1200℃。

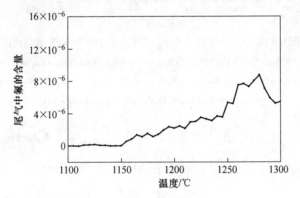

图 6-20 天然钾长石-萤石-CaO 体系
焙烧过程尾气中氟的含量

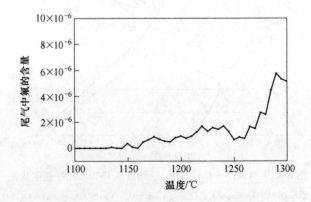

图 6-21 天然钠辉石-萤石-CaO 体系
焙烧过程尾气中氟的含量

张晨等[127]从热力学的角度分析了 $CaO - SiO_2 - CaF_2$ 三元渣系的挥发率，并得出结论：当碱度大于 0.9 时，由于渣中 SiO_2 均以 $CaO \cdot SiO_2$ 或 $3CaO \cdot 2SiO_2$ 等形式存在，此时不再有自由 SiO_2，对于体系的挥发率出现了高温临界点，即当体系温度超过此临界点时，渣完全熔化，析出的 $CaSiO_3$ 又迅速重新熔于液相中，并有 SiF_4 逸出。陈艳梅[128]通过对电渣重熔过程中渣成分变化机理的研究认为，对于 $CaF_2 - Al_2O_3 - CaO - SiO_2 - MgO$ 渣系，在熔点附近由于 CaF_2 与渣中其他氧化物发生反应生成挥发性氟化物气体，同时渣中出现结构复杂、熔点较高的 $2CaO \cdot SiO_2$（2130℃）、$3Al_2O_3 \cdot SiO_2$（1750℃）、$CaO \cdot 6Al_2O_3$（1860℃）和 $11CaO \cdot 7Al_2O_3 \cdot CaF_2$（1577℃）。可见，含氟体系中由于添加 CaO 生成高熔点的物质，稳定住体系中 SiO_2 和 CaF_2，使 SiF_4 气体的生成受到抑制。

对于氟化物生成反应，以 $MeO + CaF_2 = MeF_{2(g)} + CaO$ 反应式为例，对于上述反应式有：

$$\Delta G = \Delta G^{\ominus} + RT\ln \frac{\dfrac{p_{MeF_2}}{p_{总}}\%(CaO)}{\%(MeO)\%(CaF_2)} \qquad (6-2)$$

随着焙烧配料碱度升高，$\dfrac{\dfrac{p_{MeF_2}}{p_{总}}\%(CaO)}{\%(MeO)\%(CaF_2)}$ 增大，ΔG 增大，即碱度提高，将抑制氟化物的逸出。

因此，碱度对白云鄂博铁精矿中脉石与萤石氟化反应的影响是两方面的：一方面，随着焙烧温度的升高，CaO 首先与 SiO_2 结合生成硅酸盐，体系中碱度升高，生成的硅酸盐逐渐由硅酸钙向硅酸三钙转变；另一方面，当焙烧温度升高至1100℃时，体系中 CaO 与 SiO_2 及 CaF_2 结合生成枪晶石，也能够起到稳定 SiO_2 和 CaF_2 的作用，但温度继续升高至1200℃以上，枪晶石分解成硅酸盐，同时释放出 SiF_4。

6.3 焙烧时间对氟逸出率的影响

固定焙烧温度为1150℃的条件下，改变保温时间对白云鄂博铁精矿进行焙烧。根据焙烧前后试样质量及氟含量可以得到保温不同时间白云鄂博铁精矿焙烧后试样中的氟含量，如表6-4及图6-22所示。

表6-4 改变焙烧时间铁精矿焙烧后试样中的氟含量

焙烧时间/min	焙烧温度/℃	焙烧后试样氟元素质量分数/%	焙烧过程氟逸出率/%
20	1150	0.28	42.86
40	1150	0.25	48.99

焙烧时间/min	焙烧温度/℃	焙烧后试样氟元素质量分数/%	焙烧过程氟逸出率/%
60	1150	0.21	56.93
80	1150	0.14	71.58
100	1150	0.10	79.79

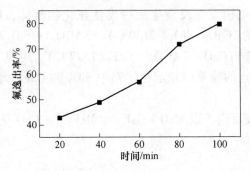

图 6 – 22　焙烧时间对白云鄂博铁精矿氟逸出率的影响

图 6 – 22 中显示，焙烧温度为 1150℃ 条件下，氟逸出率随着焙烧时间的延长而增大，最高达到 79.79%，整个焙烧过程平均单位时间氟逸出速率为 0.80%/min。因此，焙烧时间对氟逸出率影响较大，其他工艺条件一定，在有效焙烧时间内氟的逸出量随着焙烧时间的延长而增大。

6.4　SiO_2 含量对氟逸出率的影响

高温有利于白云鄂博铁精矿焙烧过程氟化物的逸出，故固定焙烧温度为 1150℃，焙烧时间为 60min，碱度为 0.5 的条件下，改变 SiO_2 的配比对白云鄂博铁精矿进行焙烧，具体焙烧条件及焙烧后试样中的氟含量见表 6 – 5。

表 6 – 5　改变 SiO_2 含量铁精矿焙烧后试样中的氟含量

配料 SiO_2/%	焙烧温度/℃	焙烧时间/min	碱度	焙烧后试样氟元素质量分数/%	焙烧过程氟逸出率/%
3.5	1150	60	0.5	0.14	71.84
4.5	1150	60	0.5	0.12	75.88
5.5	1150	60	0.5	0.08	83.15
6.5	1150	60	0.5	0.07	86.79
7.5	1150	60	0.5	0.07	86.79

根据表 6 – 5 中数据可以得到不同 SiO_2 含量下白云鄂博铁精矿焙烧过程氟的逸出率，如图 6 – 23 所示。

从图 6-23 可以看出，随着 SiO_2 含量的增加，白云鄂博铁精矿焙烧过程氟的逸出率明显增加，当 SiO_2 含量达到 6.5% 时，氟逸出率接近最大值，达到 86.79%，之后 SiO_2 的含量继续增加，氟逸出率几乎没有变化。因此，在适当范围内提高配料中 SiO_2 的含量，能够提高白云鄂博铁精矿焙烧过程氟逸出率。

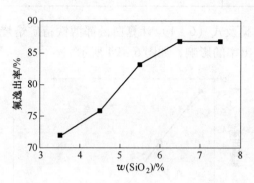

图 6-23 SiO_2 含量对白云鄂博铁精矿氟逸出率的影响

根据本书对 SiF_4 生成条件的热力学分析可知，SiO_2 与 CaF_2 发生如式（6-3）所示反应生成 SiF_4。因此，提高白云鄂博铁精矿中的 SiO_2 含量能够进一步促进氟的逸出。

$$3SiO_2 + 2CaF_2 \Longrightarrow 2(CaO \cdot SiO_2) + SiF_{4(g)} \qquad (6-3)$$

另一方面，SiO_2 能够与 KF 和 NaF 生成过程中的产物 CaO 结合，生成稳定的 $CaO \cdot SiO_2$，如式（6-4）~式（6-6）所示，从促进 KF 和 NaF 生成的角度来说 SiO_2 削弱了 CaO 的固氟作用，促进了氟化物的生成。

$$K_2O + CaF_2 \Longrightarrow CaO + 2KF \qquad (6-4)$$

$$Na_2O + CaF_2 \Longrightarrow CaO + 2NaF \qquad (6-5)$$

$$SiO_2 + CaO \Longrightarrow CaO \cdot SiO_2 \qquad (6-6)$$

6.5 MgO 含量对氟逸出率的影响

白云鄂博铁精矿的脉石成分中除 CaO 之外，还含有碱性氧化物 MgO，本书研究用白云鄂博铁精矿中 MgO 含量为 0.84%。改变原料中 MgO 含量的焙烧实验具体配料方案及焙烧后试样的氟元素含量见表 6-6。

表 6-6 改变 MgO 含量铁精矿焙烧后试样中的氟含量

配料 MgO/%	焙烧温度/℃	焙烧时间/min	焙烧后试样氟元素质量分数/%	焙烧过程氟逸出率/%
0.84	1150	60	0.17	56.12
1.84	1150	60	0.19	41.52

配料 MgO/%	焙烧温度/℃	焙烧时间/min	焙烧后试样氟元素质量分数/%	焙烧过程氟逸出率/%
2.84	1150	60	0.32	25.94
3.84	1150	60	0.32	25.87
4.84	1150	60	0.32	25.78

根据表6-6数据及式（6-1）计算白云鄂博铁精矿焙烧过程氟逸出率，得出 MgO 含量对氟逸出率的影响，如图6-24 所示。

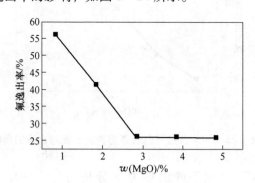

图6-24 MgO 含量对白云鄂博铁精矿氟逸出率的影响

图6-24 中显示，在白云鄂博铁精矿中 MgO 含量从 0.84% 升高至 2.84% 的过程中，氟逸出率从 56.12% 下降到 25.94%，变化显著；当矿粉中 MgO 含量继续升高至 4.84% 时，氟逸出率几乎不再发生变化，说明 MgO 对氟化物逸出的抑制作用是有限的。矿粉中的 MgO 之所以对氟化物的逸出有抑制作用，是因为同样作为一种碱性氧化物，MgO 能够与矿粉中的酸性氧化物 SiO_2 结合，生成稳定的化合物，从而抑制 SiO_2 与 CaF_2 的氟化反应。

另外，与配料组分中的 CaO 相比，MgO 对白云鄂博铁精矿焙烧过程氟化反应的抑制作用要弱一些。其他工艺条件相同的情况下，CaO 在碱度为 1.5 时，对氟逸出率的降低效果达到最大，此时配料中 CaO 含量相当于 5.21%，而氟逸出率已降至 3.47%，即通过降低碱度提高氟逸出率更有效。原因在于矿粉中的 CaO 不仅可以起到稳定 SiO_2 的作用，同时它也是氟化反应的产物，提高碱度，相当于提高了反应产物的浓度或活度，有助于抑制氟化反应的发生。

6.6 氟逸出率影响因素正交实验研究

在白云鄂博铁精矿烧结生产或球团矿焙烧过程中，焙烧温度、焙烧时间、配料碱度及 SiO_2 含量等因素对气态氟化物的逸出均存在不同程度的影响，为了探明各因素对氟逸出率的影响程度，针对焙烧过程中上述 4 个工艺参数开展了 4 因素 4 水平 L16(4^4) 的正交实验研究。

各因素水平的选取依据实际烧结或球团生产过程的工艺参数。其中，焙烧温度：900～1350℃；焙烧时间：5～35min；配料碱度：0.5～2.0；原料中 SiO_2 含量：3.5%～6.5%。各因素水平见表 6－7，各试样具体焙烧工艺参数见表 6－8。

对不同焙烧条件下的白云鄂博铁精矿的氟逸出率分别进行极差和方差分析，确定了各因素的影响程度、显著性因素及最有利于氟逸出和最不利于氟逸出的工艺条件。

表 6－7 白云鄂博铁精矿氟逸出率正交实验各因素水平

水 平	因 素			
	A	B	C	D
	焙烧温度/℃	焙烧时间/min	配料碱度	SiO_2 质量分数/%
1	1100	5	0.5	3.5
2	1150	15	1.0	4.5
3	1200	25	1.5	5.5
4	1250	35	2.0	6.5

在焙烧实验过程中，为了使焙烧过程中气态氟化物的逸出现象更加明显，便于检测，通过向白云鄂博铁精矿中加入化学纯试剂 CaF_2，使其氟含量由 0.5% 提高到 3.0%，试样碱度及 SiO_2 含量分别由添加化学纯试剂 CaO、SiO_2 来调整。按表 6－8 中的配料要求对各焙烧试样的碱度和 SiO_2 含量进行调整，经过计算、称量、混料后，压制成块，装入刚玉坩埚，置于温度和保温时间可控的箱式电阻炉内进行焙烧。

焙烧结束后，对焙烧后试样中的氟元素进行化学成分分析，并根据式 (6－1)计算焙烧过程中的氟逸出率。

6.6.1 氟逸出率的极差分析

正交实验结果及极差分析结果见表 6－8，其中氟逸出率由三次检测结果取平均值求得。

表 6－8 中 k_1、k_2、k_3、k_4 分别表示各因素不同水平下氟逸出率的总和；$\overline{k_1}$、$\overline{k_2}$、$\overline{k_3}$、$\overline{k_4}$ 分别表示各因素不同水平下氟逸出率的平均值；R 为极差。从正交实验的极差分析结果可以看出，各焙烧工艺条件对氟逸出率的影响程度大小排序为：碱度大于焙烧温度大于原料中 SiO_2 含量大于焙烧时间，即原料碱度对氟逸出率的影响最大，焙烧温度次之，原料中 SiO_2 含量和焙烧时间影响较小。最有利于氟逸出的工艺条件为低碱度、高温、焙烧时间长、高 SiO_2 含量。

表 6 - 8　氟逸出率正交实验结果的极差分析

实验点	干燥空气下焙烧实验条件及氟逸出率计算结果				
	焙烧温度/℃	焙烧时间/min	碱度	SiO$_2$ 质量分数/%	氟逸出率/%
1	1100	5	0.5	3.5	46.53
2	1100	15	1.0	4.5	36.30
3	1100	25	1.5	5.5	22.35
4	1100	35	2.0	6.5	20.94
5	1150	5	1.0	5.5	38.62
6	1150	15	0.5	6.5	46.26
7	1150	25	2.0	3.5	32.68
8	1150	35	1.5	4.5	36.59
9	1200	5	1.5	6.5	33.15
10	1200	15	2.0	5.5	26.91
11	1200	25	0.5	4.5	61.32
12	1200	35	1.0	3.5	52.72
13	1250	5	2.0	4.5	35.60
14	1250	15	1.5	3.5	51.36
15	1250	25	1.0	6.5	45.32
16	1250	35	0.5	5.5	75.24
k_1	126.12	153.90	229.35	183.29	
k_2	154.15	160.83	172.96	169.81	
k_3	174.10	161.67	143.45	163.12	
k_4	207.52	185.49	116.13	145.67	
$\overline{k_1}$	31.53	38.48	57.34	45.82	
$\overline{k_2}$	38.54	40.21	44.24	42.45	
$\overline{k_3}$	43.53	40.42	35.86	40.78	
$\overline{k_4}$	51.88	46.37	29.03	36.42	
R	20.35	7.91	28.31	9.40	
影响因素排序	2	4	1	3	

6.6.2　氟逸出率的方差分析

　　为了进一步确定焙烧温度、焙烧时间、碱度及原料中 SiO$_2$ 含量这 4 个因素对氟逸出率影响的显著性，对正交实验结果进行方差分析，为此引入一误差列，见表 6 - 9。

表 6-9 氟逸出率正交实验结果的方差分析

实验点	干燥空气气氛下焙烧实验条件及氟逸出率计算结果					
	焙烧温度/℃	焙烧时间/min	碱度	SiO_2 质量分数/%	误差列	氟逸出率/%
1	1100	5	0.5	3.5	1	46.53
2	1100	15	1.0	4.5	2	36.30
3	1100	25	1.5	5.5	3	22.35
4	1100	35	2.0	6.5	4	20.94
5	1150	5	1.0	5.5	4	38.62
6	1150	15	0.5	6.5	3	46.26
7	1150	25	2.0	3.5	2	32.68
8	1150	35	1.5	4.5	1	36.59
9	1200	5	1.5	6.5	2	33.15
10	1200	15	2.0	5.5	1	26.91
11	1200	25	0.5	4.5	4	61.32
12	1200	35	1.0	3.5	3	52.72
13	1250	5	2.0	4.5	3	35.60
14	1250	15	1.5	3.5	2	51.36
15	1250	25	1.0	6.5	1	45.32
16	1250	35	0.5	5.5	2	75.24
k_1	126.12	153.90	229.35	183.29	155.35	16 个实验点氟逸出率之和为
k_2	154.15	160.83	172.96	169.81	177.37	
k_3	174.10	161.67	143.45	163.12	156.93	$\sum_{i=1}^{n} y_i = 661.89$
k_4	207.52	185.49	116.13	145.67	172.24	

在表 6-9 正交实验结果的基础上进行方差分析，其相关统计量计算如下：

$$P = \frac{1}{n}\left(\sum_{i=1}^{n} y_i\right)^2 = \frac{1}{16} \times 661.89^2 = 27381.15$$

$$Q_A = \frac{1}{a}\left(\sum_{j=1}^{b} K_{jA}^2\right) = \frac{1}{4}(126.12^2 + 154.15^2 + 174.10^2 + 207.52^2) = 28260.96$$

$$Q_B = \frac{1}{a}\left(\sum_{j=1}^{b} K_{jB}^2\right) = \frac{1}{4}(153.90^2 + 160.83^2 + 161.67^2 + 185.49^2) = 27523.81$$

$$Q_C = \frac{1}{a}\left(\sum_{j=1}^{b} K_{jC}^2\right) = \frac{1}{4}(229.35^2 + 172.96^2 + 143.45^2 + 116.13^2) = 29138.00$$

$$Q_D = \frac{1}{a}\left(\sum_{j=1}^{b} K_{jD}^2\right) = \frac{1}{4}(183.29^2 + 169.81^2 + 163.12^2 + 145.67^2) = 28123.51$$

$$Q_E = \frac{1}{a}\left(\sum_{j=1}^{b} K_{jE}^2\right) = \frac{1}{4}(155.35^2 + 177.37^2 + 156.93^2 + 172.24^2) = 27471.85$$

式中，下标 A、B、C、D、E 分别表示焙烧温度、焙烧时间、碱度、SiO_2 质量分数和误差；n 为实验的总次数；b 为某因素下水平数；a 为某因素下同水平的实验次数；i 为因素代号；K_{ji} 为因素 i 的第 j 个水平的评价指标之和。

根据上述相关统计量计算的各因素的组间离差平方和、均方、F 值，及查表所得的显著性临界值 $F_{0.05}(3, 3)$ 值，见表 6 – 10。

表 6 – 10 各因素的组间离差平方和、均方、F 值及显著性临界值

方差来源	组间离差平方和（$Q_i - P$）	自由度 F	均方（$Q_i - P$）/F	F 值	$F_{0.05}(3, 3)$
因素 A(焙烧温度)	879.81	3	293.27	9.70	9.28
因素 B(焙烧时间)	142.66	3	47.55	1.57	9.28
因素 C(碱度)	1756.85	3	586.62	19.44	9.28
因素 D(SiO_2 质量分数)	742.36	3	247.45	2.03	9.28
误差 S_E	90.70	3	30.23	—	—

F 值是由于各因素不同水平所造成的对实验结果的影响与由于误差所造成的影响之比。F 值越大，说明因素变化对结果影响越显著；F 值越小，说明因素影响越小。判断影响显著与否的界限由 F 分布表给出，查 F 分布表可知 $F_{0.05}(3, 3)$ 为 9.28。由表 6 – 10 可以看出，$F_A(9.70) > 9.28$，$F_B(1.57) < 9.28$，$F_C(19.44) > 9.28$，$F_D(2.03) < 9.28$，且 $F_C > F_A$，表明只有因素 A、C 为显著性因素，且因素 C 对实验结果的影响尤其显著，即焙烧温度和原料碱度为显著性因素，而碱度对氟逸出率的影响尤其显著。

6.7 本章小结

(1) 焙烧温度对白云鄂博铁精矿氟逸出率影响较大，在其他工艺条件一定的情况下，氟逸出率随着温度的升高而增大，焙烧温度为 1000 ~ 1200℃ 范围内，氟逸出率从 24.17% 提高到 71.72%。

(2) 随着碱度的增加氟逸出率下降，并且下降的幅度非常大。在焙烧温度为 1150℃，原料中 SiO_2 含量为 3.5% 的工艺条件下，碱度超过 1.5 时氟的逸出相当困难，说明在一定程度上降低碱度可以提高氟的逸出率。碱度对白云鄂博铁精矿中脉石与萤石氟化反应的影响表现在两个方面：一方面，CaO 与 SiO_2 结合生成硅酸盐，起到稳定 SiO_2 的作用；另一方面，CaO 与 SiO_2 和 CaF_2 结合生成枪晶

石，起到稳定 CaF_2 的作用。研究过程中同时揭示了枪晶石稳定存在的温度区间为 $1100 \sim 1200℃$。

（3）其他工艺条件一定，白云鄂博铁精矿氟逸出率随着焙烧时间的延长而增大。$1150℃$ 下，焙烧时间从 $20min$ 增加到 $100min$，氟逸出率从 42.86% 提高到 79.79%。

（4）原料中 SiO_2 含量的提高，为焙烧过程 SiF_4 的生成提供了更多的反应物，同时进一步削弱了铁精矿中 CaO 等碱性氧化物的固氟作用，从而提高了氟逸出率。当 SiO_2 的含量从 3.5% 增加到 6.5% 时，氟逸出率从 71.84% 提高到 86.79%，之后 SiO_2 含量继续增加，氟逸出率几乎没有变化。

（5）矿粉中的 MgO 对白云鄂博铁精矿焙烧过程氟化反应有抑制作用，与 CaO 相比 MgO 的抑制作用要弱一些，即矿粉中 MgO 含量升高至 2.84% 时，氟逸出率稳定在 25.94%，MgO 含量继续升高，氟逸出率变化不大。

（6）通过氟逸出率影响因素正交实验研究可知，碱度对白云鄂博铁精矿氟逸出率的影响最为显著，其次为焙烧温度；降低碱度或提高焙烧温度可有效促进气态氟化物的逸出。

7 水蒸气对铁精矿氟化物逸出的影响

以铁精矿为原料进行烧结制粒或造球的过程中均要配加一定的水分，在焙烧过程中蒸发的水分会在料层中形成水蒸气气氛。由于 CaF_2 能在较低温度下水解生成 HF 气体，使白云鄂博铁精矿中的含氟组分从萤石固相颗粒转化成为 HF 气体，使其在焙烧过程中发生氟化反应的机理发生变化，因此，有必要就水蒸气气氛下，水解反应对白云鄂博铁精矿焙烧过程氟化反应的影响进行研究。

7.1 氟化物与水蒸气作用的热力学分析

通过热力学计算，并结合差热－热重（DTA－TG）及 X 射线衍射分析（XRD）方法，已经确定了白云鄂博铁精矿干燥空气下焙烧可能生成的氟化物有 KF、NaF 和 SiF_4。另外，由于白云鄂博铁精矿中含有 CaF_2，且造块过程需要配加适量水分，焙烧过程生成的 KF、NaF、SiF_4 及由铁精矿带入的 CaF_2 均可能与水蒸气接触。因此，有必要首先对白云鄂博铁精矿焙烧过程氟化物与水蒸气之间的相互作用，即反应式（7-1）~反应式（7-4）进行热力学计算。

$$2KF + H_2O \Longrightarrow K_2O + 2HF \qquad \Delta G^\ominus = 435146.4 - 129.01T \qquad (7-1)$$

$$2NaF + H_2O \Longrightarrow Na_2O + 2HF \qquad \Delta G^\ominus = 390207.9 - 133.88T \qquad (7-2)$$

$$SiF_4 + 2H_2O \Longrightarrow SiO_2 + 4HF \qquad \Delta G^\ominus = 76931.0 - 93.81T \qquad (7-3)$$

$$CaF_2 + H_2O \Longrightarrow CaO + 2HF \qquad \Delta G^\ominus = 252658.7 - 116.52T \qquad (7-4)$$

图 7-1 所示为利用 FactSage 6.4 热力学数据库计算的标准状态下 KF、NaF 和 CaF_2 分别与 H_2O 反应的 $\Delta G^\ominus - T$ 关系。从图中可以看出，对于 KF、NaF、SiF_4 及 CaF_2 分别与 H_2O 作用，其反应由易到难的顺序是 $SiF_4 > CaF_2 > NaF > KF$。通过式（7-3）可以确定 SiF_4 在标准状态下，820.07℃ 下就可与 H_2O 发生反应，而其他氟化物与 H_2O 作用的温度分别高达 2168.37℃、2914.61℃、3372.97℃。但是，由于实际生产过程并非标准状态，ΔG 受到 H_2O 及 HF 分压的影响，故 ΔG 与温度的关系应如式（7-5）所示。

$$\Delta G = \Delta G^\ominus + RT\ln \frac{(p_{HF}/p^\ominus)^2}{p_{H_2O}/p^\ominus} \qquad (7-5)$$

式中 $p_{HF}/p^\ominus$ ——HF 的分压，MPa；

$p_{H_2O}/p^\ominus$ ——H_2O 的分压，MPa。

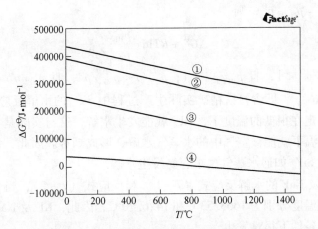

图 7 - 1　标准状态下氟化物与水蒸气作用生成 HF 的 $\Delta G^{\ominus} - T$ 关系

①$2KF + H_2O = K_2O + 2HF$；②$2NaF + H_2O = Na_2O + 2HF$；

③$CaF_2 + H_2O = CaO + 2HF$；④$0.5SiF_4 + H_2O = 0.5SiO_2 + 2HF$

以 CaF_2 为例，式（7 - 5）应表达为：

$$\Delta G = 252658.7 - 116.52T + RT\ln\frac{(p_{HF}/p^{\ominus})^2}{p_{H_2O}/p^{\ominus}} \tag{7-6}$$

为了简化计算，假设 $p_{HF}/p^{\ominus} = p_{H_2O}/p^{\ominus}$，故：

$$\Delta G = 252658.7 - 116.52T + RT\ln(p_{HF}/p^{\ominus}) \tag{7-7}$$

得出当 $p_{HF}/p^{\ominus}$ 为 10kPa、1kPa、100Pa、10Pa 及 1Pa 时，若欲 $\Delta G \leqslant 0$，则反应温度要求分别大于 1589.69℃、1358.66℃、1179.31℃、1035.49℃ 及 917.58℃。由于铁精矿实际焙烧过程中 $p_{HF}/p^{\ominus} < p_{H_2O}/p^{\ominus}$，上述计算出的温度值应更小。因此，在白云鄂博铁精矿焙烧过程中 CaF_2 的水解反应是能够发生的。

齐庆杰[67]在总结前人的研究结果时提到，通过热力学计算及热重实验确定 CaF_2 分解起始温度在 1050~1227℃ 范围内；通过远红外光谱研究确认高温下 CaF_2 发生了水解反应；通过热重法的非等温动力学计算揭示了水解反应为一级反应，1350℃ 以下反应活化能为 120kJ/mol。而他本人在综合考虑加热气氛的前提下，采用气态氟化物直接吸收分析法，结合 XRD、DTA 法，对 CaF_2 晶体粉末的高温分解特性进行了实验研究，并得出结论，在高温条件下 CaF_2 发生水解反应的起始温度为 830℃±10℃；水解率随燃烧温度和停留时间的增加而增加，空气中水蒸气含量对水解率有显著影响；在 850~1350℃ 温度范围内水解反应为一级反应，该反应的控速环节为单步随机成核，反应活化能 E 为 115kJ/mol±2kJ/mol。

对于反应（7 - 3），$\Delta G - T$ 之间有如下关系：

$$\Delta G = \Delta G^{\ominus} + RT\ln\frac{(p_{HF}/p^{\ominus})^4}{(p_{H_2O}/p^{\ominus})^2(p_{SiF_4}/p^{\ominus})} \tag{7-8}$$

若 $p_{HF}/p^{\ominus} = p_{H_2O}/p^{\ominus}$，则：

$$\Delta G = \Delta G^{\ominus} + RT\ln \frac{(p_{HF}/p^{\ominus})^2}{p_{SiF_4}/p^{\ominus}} \qquad (7-9)$$

由于 $p_{SiF_4}/p^{\ominus} < 1$，且 $p_{HF}/p^{\ominus} < 1$；$p_{HF}/p < p_{SiF_4}/p^{\ominus}$，且 $p_{HF}/p^{\ominus} < p_{H_2O}/p^{\ominus}$，所以，$\Delta G_{SiF_4} < \Delta G_{SiF_4}^{\ominus}$，即含氟铁精矿实际生产过程中 SiF_4 的水解反应更容易发生。同时，可以确定在很低的温度下，SiF_4 就能发生水解，这与实际是相符的。事实上，SiF_4 在室温下就能被空气中的水蒸气水解，形成烟雾。因此，含氟铁精矿焙烧过程产生的 SiF_4 如遇水蒸气也很容易发生水解。

对于 KF 及 NaF 的水解反应式（7-1）和反应式（7-2），当 $p_{HF}/p^{\ominus}$ 为 1Pa 时，反应开始温度分别为 1663.53℃ 和 1426.70℃，因此，KF 及 NaF 的水解反应在铁精矿焙烧条件下很难发生。

图 7-2 所示为水蒸气分压为 10kPa，HF 的分压为 1Pa 的条件下，通过热力学计算得到的 ΔG 与温度的关系。从图中可以看出，4 种氟化物 SiF_4、CaF_2、NaF、KF 与水蒸气发生水解反应的难易程度的顺序没有发生改变，从易到难的顺序依然是 $SiF_4 > CaF_2 > NaF > KF$，即 SiF_4 最容易水解，而 KF 最难水解。

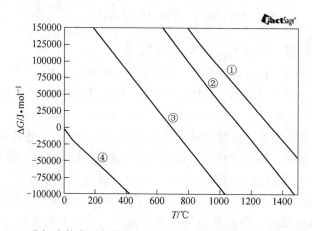

图 7-2 非标准状态下氟化物与水蒸气作用生成 HF 的 $\Delta G - T$ 关系
① $2KF + H_2O = K_2O + 2HF$；② $2NaF + H_2O = Na_2O + 2HF$；
③ $CaF_2 + H_2O = CaO + 2HF$；④ $0.5SiF_4 + H_2O = 0.5SiO_2 + 2HF$

砖瓦焙烧过程中排放的有害气体及其控制方法中[65,66]，在加热过程中氟能够在两个不同的阶段释放，第一阶段是在结合水分解时，一旦温度上升超过 320℃，就会释放出氟，因为环境气体中含有部分水分，释放出的氟通常会转变成为 HF；第二阶段是在更高温度下，超过 750℃ 时，氟又再次释放，在 800℃ 以上时氟的释放量明显增加。超过 850~920℃ 时，氟化物根据化学平衡的原理依次分解，释放出含氟气体。

因此，通过热力学计算可以确定铁精矿焙烧过程中，水蒸气下 SiF_4 很容易发生水解反应；CaF_2 的水解反应是能够发生的；KF 及 NaF 的水解反应很难发生。

7.2 水蒸气对白云鄂博铁精矿脉石组分氟化反应的作用

前期的研究内容曾涉及 $Al_2O_3 - CaF_2$ 体系、$MgO - CaF_2$ 体系和 $Fe_2O_3 - CaF_2$ 体系在干燥空气下的焙烧过程。结果表明，上述 3 个体系在高温下均不会发生相互作用。但由于 CaF_2 与水蒸气在高温下会发生水解反应，有 HF 气体生成，焙烧气氛中的强酸性气体 HF 很容易将中性或碱性氧化物氟化。因此，对上述三体系在水蒸气条件进行高温焙烧，以确定水蒸气是否会对白云鄂博铁精矿中的 Al_2O_3、MgO、Fe_2O_3 等组分与萤石之间的相互作用产生影响。确定各体系化学纯试剂的摩尔比分别为 $Al_2O_3 : CaF_2 = 1:3$，$MgO : CaF_2 = 1:1$，$Fe_2O_3 : CaF_2 = 1:3$。图 7 - 3 ~ 图 7 - 5 所示分别为上述 3 个体系在水蒸气下 1200℃焙烧产物的 XRD 分析结果。

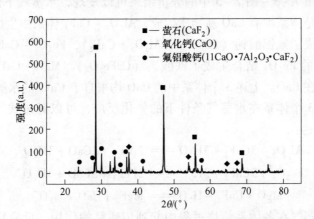

图 7 - 3　$Al_2O_3 - CaF_2$ 体系水蒸气下 1200℃焙烧产物 XRD 分析结果

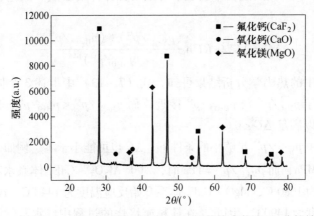

图 7 - 4　$MgO - CaF_2$ 体系水蒸气下 1200℃焙烧产物 XRD 分析结果

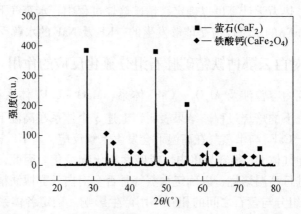

图 7 - 5　$Fe_2O_3 - CaF_2$ 体系水蒸气下 1200℃ 焙烧产物 XRD 分析结果

通过比较图 7 - 3 ~ 图 7 - 5 中的分析结果可以发现，水蒸气下焙烧后 3 个体系的共同特征是体系中有 CaO 新物质生成，$Al_2O_3 - CaF_2$ 体系中生成的 CaO 与其他组分结合生成了氟铝酸钙（$11CaO \cdot 7Al_2O_3 \cdot CaF_2$），$Fe_2O_3 - CaF_2$ 体系中生成的 CaO 与其中的 Fe_2O_3 结合生成了铁酸钙（$CaFe_2O_4$）。$MgO - CaF_2$ 体系焙烧后的物相中也存在 CaO。上述 3 个体系中的 CaO 均来自于 CaF_2 的水解反应。

对于上述 3 个体系在水蒸气条件下的氟化反应，可以通过式（7 - 10）~ 式（7 - 11）来表达：

$$Al_2O_3 + 3CaF_2 + 3H_2O = 2AlF_3 + 3CaO + 3H_2O^* \qquad (7 - 10)$$

$$Fe_2O_3 + 3CaF_2 + 3H_2O = 2FeF_3 + 3CaO + 3H_2O^* \qquad (7 - 11)$$

$$MgO + CaF_2 + H_2O = MgF_2 + CaO + H_2O^* \qquad (7 - 12)$$

因此，水蒸气在各体系焙烧过程中起到传递氟的作用，反应物中的 H_2O 在向产物中的 H_2O^* 转变的过程中实现了与氟结合并释放出氟。上述各反应的 $\Delta G - T$ 可表达为：

$$\Delta G = \Delta G^\ominus + RT\ln \frac{(p_{Me_xF_y}/p^\ominus)^x \ (p_{H_2O^*}/p^\ominus)^y}{(p_{H_2O}/p^\ominus)^y} \qquad (7 - 13)$$

由第 3 章中的热力学分析结果可知，式（7 - 13）中上述 3 个体系的 $\Delta G^\ominus$ 均大于零。又由于 $p_{H_2O}/p^\ominus$ 与 $p_{H_2O^*}/p^\ominus$ 接近，而 $p_{Me_xF_y}/p^\ominus < p_{H_2O}/p^\ominus$，因此，在适当的温度下，可以满足 $\Delta G < 0$。

而当产物中 $p_{Me_xF_y}/p^\ominus$ 足够小的条件下，ΔG 也可能小于零。例如，当 $p_{H_2O}/p^\ominus = p_{H_2O^*}/p^\ominus = 0.1MPa$，而 $p_{Me_xF_y}/p^\ominus = 1Pa$ 时，对于 $Al_2O_3 - CaF_2$ 体系水蒸气下氟化反应开始的温度为 1680℃，$MgO - CaF_2$ 体系开始反应温度为 1440℃，$Fe_2O_3 - CaF_2$ 体系开始反应温度为 1490℃。因此，在铁精矿焙烧的过程中，水蒸气下 AlF_3、MgF_2 和 FeF_3 也是较难生成的。

图 7 - 6 所示为 SiO_2 - CaF_2 体系水蒸气下 1200℃ 焙烧产物的 XRD 分析结果。与干燥空气下焙烧相比较，该体系水蒸气下 1200℃ 焙烧产物的物相组成与干燥空气下 1100℃ 焙烧产物的物相组成（图 3 - 16）相似，进一步验证了 SiO_2 - CaF_2 体系氟化反应的固相产物为假硅灰石（$CaSiO_3$），不同之处在于水蒸气的作用使 CaF_2 更多地以 HF 的形式逸出，焙烧产物中残留的 CaF_2 很少。因此，可以确定 SiO_2 - CaF_2 体系在上述两种焙烧气氛下均会由于 CaF_2 的脱氟生成 CaO，之后 CaO 与 SiO_2 结合生成假硅灰石（$CaSiO_3$），但水蒸气下氟逸出更明显。

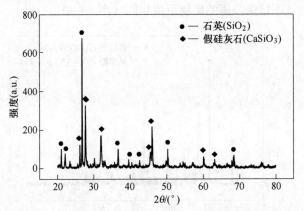

图 7 - 6　SiO_2 - CaF_2 体系水蒸气下 1200℃ 焙烧产物 XRD 分析结果

图 7 - 7 所示为天然钾长石 - 萤石体系水蒸气下 1200℃ 焙烧产物 XRD 分析结果。其他焙烧条件相同，与该体系在干燥空气下焙烧相比，水蒸气下焙烧产物中的 CaF_2 的含量大幅度下降。由于 CaF_2 与水蒸气作用的温度低于 1200℃，水蒸气使 CaF_2 脱氟而转化成 CaO，继而又与体系中的 SiO_2 结合生成硅酸盐。

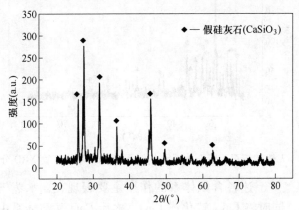

图 7 - 7　天然钾长石 - 萤石体系水蒸气下 1200℃ 焙烧产物 XRD 分析结果

图 7 - 8 所示是天然钾长石 - 萤石 - CaO 体系水蒸气下 1200℃ 焙烧产物的 XRD

分析结果。在水蒸气下焙烧，CaF_2 在较低的温度下转化成 CaO，相当于提高了体系的碱度，因此与图 4-20 相比，体系中的枪晶石消失了，取而代之的是硅酸盐（Ca_2SiO_4）和氟铝酸盐（$Ca_{12}Al_{14}O_{32}F_2$）。图 7-9 所示为天然钠辉石-萤石体系水蒸气下 1200℃ 焙烧产物 XRD 分析结果。因同样的原因，天然钠辉石-萤石体系水蒸气条件下焙烧产物中出现了铁酸钙（$CaFe_2O_4$），代替了干燥空气下焙烧产物中的赤铁矿（Fe_2O_3）（图 4-32）。图 7-10 所示为天然钠辉石-萤石-CaO 体系水蒸气下 1200℃ 焙烧产物的 XRD 分析结果，上述条件下获得的物相与该体系在高碱度条件下、干燥空气下焙烧获得的矿物组成相同（图 4-40）。

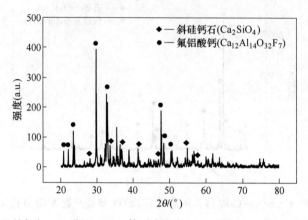

图 7-8 天然钾长石-萤石-CaO 体系水蒸气下 1200℃ 焙烧产物 XRD 分析结果

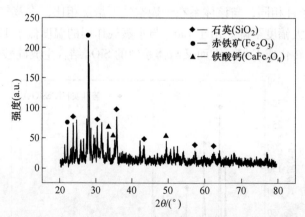

图 7-9 天然钠辉石-萤石体系水蒸气下 1200℃ 焙烧产物 XRD 分析结果

因此，水蒸气对上述各含氟体系的作用主要表现在，水蒸气将 CaF_2 水解，释放出 HF 气体，同时将 CaF_2 转化成 CaO，之后 CaO 又与体系中的其他组分结合生成新的物相。而且，从热力学的角度分析，CaF_2 的水解作用并未使各体系氟化反应产生根本性的改变，而是更多地体现在使反应的动力学条件改善，使反应的表观活化能下降，反应速率加快。

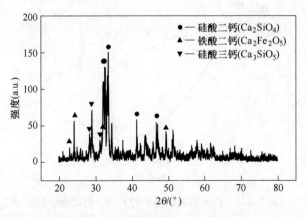

图 7 - 10　天然钠辉石 - 萤石 - CaO 体系水蒸气下 1200℃焙烧产物 XRD 分析结果

7.3　水蒸气对含萤石铁精矿氟化物逸出的影响

　　本实验用白云鄂博铁精矿化学成分见表 7 - 1，其中氟元素含量为 0.50%。白云鄂博铁精矿中的氟元素绝大部分以萤石（CaF_2）状态存在，为了使焙烧过程中气态氟化物的逸出现象更加明显，便于收集和检测，将白云鄂博铁精矿与天然萤石矿物以质量比 6:4 的比例混合，作为实验原料。天然萤石的化学成分见表 7 - 1，配加 40% 萤石的白云鄂博铁精矿的化学成分见表 7 - 2，其中氟含量已经提高到 7.77%。

表 7 - 1　天然萤石的化学成分　　　　（质量分数/%）

TFe	FeO	CaO	SiO$_2$	MgO	S	P	F	K$_2$O	Na$_2$O	Al$_2$O$_3$
3.40	2.38	10.35	43.50	0.89	0.15	1.45	18.68	2.01	1.37	5.13

表 7 - 2　配加 40% 萤石的白云鄂博铁精矿的化学成分　　　（质量分数/%）

TFe	FeO	CaO	SiO$_2$	MgO	S	P	F	K$_2$O	Na$_2$O	Al$_2$O$_3$
39.40	16.10	5.10	19.48	0.86	0.48	0.07	7.77	0.91	0.69	2.28

7.3.1　含萤石白云鄂博铁精矿的差热热重分析

　　首先对 3 种配入不同含量萤石的白云鄂博铁精矿进行差热 - 热重分析。3 种试样中萤石的含量分别为 0、10% 和 40%。具体实验条件为氩气气氛下、由室温升温至 1350℃、升温速率为 10℃/min。具体结果如图 7 - 11 ~ 图 7 - 13 所示。

　　由上述 3 图可以看出，升温过程中三种试样均没有出现较明显的吸热峰或放热峰，但体系均自 400 ~ 500℃开始出现失重，当温度达到 1100℃左右时，失重

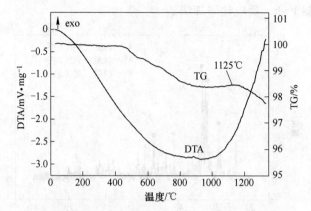

图 7 – 11 白云鄂博铁精矿的 DTA – TG 分析结果

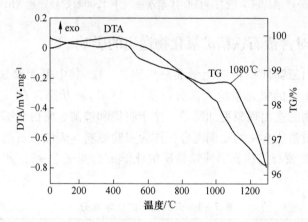

图 7 – 12 配加 10% 萤石的白云鄂博铁精矿 DTA – TG 分析结果

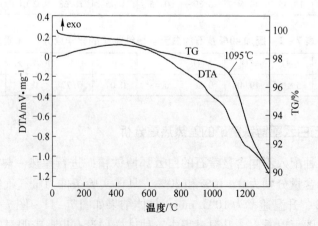

图 7 – 13 配加 40% 萤石的白云鄂博铁精矿 DTA – TG 曲线

现象更加明显。具体地说，随着试样中萤石配比增加，体系失重率增加，三种试样到升温结束总失重率分别为2.25%、3.79%和9.71%。

上述三种试样的升温过程都是在氩气气氛下进行的，相当于真空条件。因此，焙烧过程的失重也有可能包括Fe_2O_3分解释放出O_2。经热力学计算可知，当体系中O_2分压为1Pa时，1050℃下就可出现Fe_2O_3分解生成Fe_3O_4和O_2。但是，从图7-11可以确定，未添加萤石的100%白云鄂博铁精矿在整个升温过程中的失重率也仅为2.25%，即氩气条件下，若此失重全部是由白云鄂博铁精矿中Fe_2O_3的分解放出O_2引起的，也仅为2.25%，而且随着白云鄂博铁精矿配加萤石含量的提高，体系失重率增加，足以说明白云鄂博铁精矿焙烧过程的失重主要是由氟化物的逸出引起的，而且100%白云鄂博铁精矿焙烧过程的失重也包括氟化物的逸出。因此，可以确定氩气气氛下焙烧含萤石铁精矿氟化物开始逸出温度为1100℃。

7.3.2 水蒸气对含萤石铁精矿氟化物逸出的影响

水蒸气下焙烧实验装置如图7-14所示，如果将水蒸气发生装置替换为装有浓硫酸的洗气瓶，该装置即为干燥空气条件下的焙烧实验装置。

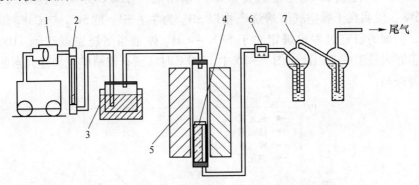

图7-14 水蒸气下焙烧实验及含氟气体收集装置

1—空气泵；2—转子流量计；3—恒温水浴锅；4—试样；
5—硅钼高温炉；6—含氟气体检测仪；7—尾气吸收瓶

焙烧过程中通过含氟气体检测仪对逸出气体中的氟含量进行在线分析，采用蒸馏水对尾气进行吸收。焙烧结束后采用水蒸气蒸馏EDTA络合滴定法和水蒸气蒸馏比色法检测氟元素的浓度；采用美国Perkin Elmer公司Optima 7300V型全谱光谱仪检测吸收液中的硅元素的浓度；采用日本岛津公司（SHIMADIU）AA-6300C型原子吸收分光光度仪检测钾和钠元素的浓度。并按照式（6-1）对焙烧过程上述各元素的逸出率进行计算。

为了便于收集和检测焙烧过程逸出的气态氟化物，选择对配加40%萤石的白云鄂博铁精矿进行焙烧实验，焙烧气氛分为干燥空气和水蒸气两种，焙烧温度为600℃、800℃、1000℃和1200℃。具体实验条件见表7-3。

表7-3 含萤石铁精矿试样具体焙烧条件

试样编号	焙烧温度/℃	保温时间/min	焙烧气氛	气体流量/m³·min⁻¹
1	600	60	干燥空气	0.12
2	800	60	干燥空气	0.12
3	1000	60	干燥空气	0.12
4	1200	60	干燥空气	0.12
5	600	60	水蒸气	0.12
6	800	60	水蒸气	0.12
7	1000	60	水蒸气	0.12
8	1200	60	水蒸气	0.12

图7-15和图7-16所示分别为干燥空气和水蒸气下不同温度焙烧后试样中各元素的逸出率。图7-15中1000℃以下各元素的失重均不明显，当焙烧温度超过1000℃，F元素和Si元素的失重率大幅增加，1200℃分别达到63.03%和43.46%，说明在干燥空气下焙烧产物以SiF_4为主。SiF_4是SiO_2与CaF_2作用的产物，前面的研究过程已确定对于$SiO_2 - CaF_2$体系当焙烧温度达到1100℃时SiF_4能够大量生成。因此，图7-15中1200℃时含萤石铁精矿氟和硅元素的逸出率明显提高。

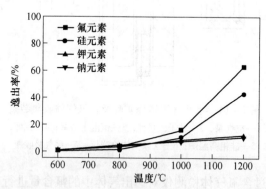

图7-15 干燥空气下含萤石铁精矿焙烧过程各元素的逸出率

与图7-15相比，图7-16中水蒸气下氟的逸出形式有所不同，以HF为主，同时包括少量的SiF_4。水蒸气下焙烧含萤石铁精矿，氟逸出率开始大幅增加的温度要低于干燥空气下，当焙烧温度达到1000℃后，氟逸出率达到45.75%，远远高于干燥空气下的15.74%。在水蒸气下焙烧，当温度升高至850℃以上CaF_2被水解后会释放出HF气体，从而使脱氟反应在比干燥空气更低的温度下开始。生成的 HF 气体也会与 SiO_2 反应生成 SiF_4，使硅元素以 SiF_4 的形式逸出。同时，HF 也会与铁精矿中的 K_2O 和 Na_2O 反应生成少量的 KF 和 NaF，但由于 KF 和 NaF 的沸点较高，焙烧过程 K_2O 和 Na_2O 的逸出率有限。最终在焙烧温度升高至 1200℃ 时，不同气氛下氟逸出率接近，分别为 65.08% 和 63.03%。

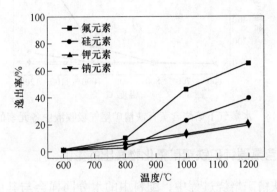

图 7-16　水蒸气下含萤石铁精矿焙烧过程各元素的逸出率

图 7-17 和图 7-18 所示分别为干燥空气和水蒸气条件下焙烧结束时吸收液中各元素的含量。干燥空气下焙烧温度为 1200℃，吸收液中氟元素和硅元素的含量最高，说明该温度下混合矿中生成的大量的 SiF_4 气体溶入了吸收液中，从而可以进一步确定干燥空气下氟的逸出形式主要为 SiF_4，而且 SiF_4 逸出的温度较高，在 1000~1200℃ 之间[129]。

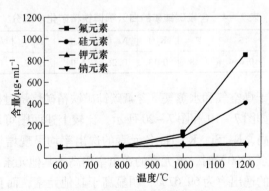

图 7-17　干燥空气下焙烧含萤石铁精矿尾气吸收液中各元素的含量

与干燥空气气氛相比，1000℃ 时水蒸气下含萤石铁精矿焙烧过程尾气吸收液中的氟元素含量已远远高于其他元素，说明水蒸气下氟逸出主要是由 CaF_2 的水解作用引起的，由 SiF_4 的生成引起的氟逸出是次要。

因此，白云鄂博铁精矿焙烧过程中，水蒸气能够促进气态氟化物的逸出，使氟化物明显逸出的温度从干燥空气下的 1100℃ 下降到 1000℃，且干燥空气下氟

逸出的形式以 SiF_4 为主，水蒸气下氟逸出的形式以 HF 为主。

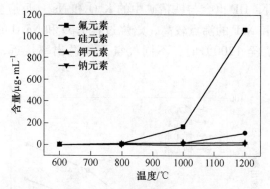

图 7-18 水蒸气下焙烧含萤石铁精矿尾气吸收液中各元素的含量

7.3.3 水蒸气对含氟碳铈矿铁精矿氟化物逸出的影响

在白云鄂博铁精矿焙烧过程中，配料中的水分同样会与其中氟碳铈矿作用。因此，分别在干燥空气和水蒸气下对含氟碳铈矿白云鄂博铁精矿升温至 600℃、800℃、1000℃ 和 1200℃，保温 1h 进行焙烧实验。为了使含氟碳铈矿铁精矿在焙烧过程中气态氟化物的逸出现象更加明显，便于收集和检测，本实验将白云鄂博铁精矿与氟碳铈矿以质量比为 6∶4 的比例进行配料，用作实验原料。配入 40% 氟碳铈矿的白云鄂博铁精矿的化学成分见表 7-4，其中氟元素的质量分数为 3.58%。

表 7-4 含氟碳铈矿的白云鄂博铁精矿化学成分　（质量分数/%）

TFe	SiO$_2$	P	S	F	K$_2$O	Na$_2$O	CaO	MgO	Al$_2$O$_3$	BaO	RE$_x$O$_y$
39.60	3.63	1.86	0.054	3.58	0.13	0.26	6.04	0.72	0.34	0.52	22.03

不同温度下，干燥空气和水蒸气下含氟碳铈矿铁精矿焙烧过程各元素的逸出率呈现不同的变化，如图 7-19 和图 7-20 所示。比较上述两图可以看出，不同焙烧气氛下随着温度升高，F、Si、K、Na 各元素的逸出率均呈现增加的趋势。干燥空气下，当温度升高至 1200℃ 时，氟元素的逸出率稍高于其他元素；而相同温度水蒸气下焙烧，氟元素的逸出率为 69.67%，明显高于其他元素，而且高于干燥空气相同温度下氟的逸出率（21.39%），其他元素的逸出率与干燥空气下相当。

图 7-21 和图 7-22 所示分别为干燥空气下和水蒸气下焙烧含氟碳铈矿铁精矿尾气吸收液中各元素的含量。随着温度升高，不同焙烧气氛下尾气吸收液中氟和硅元素含量的变化趋势比钾和钠元素明显。水蒸气下，1200℃ 时吸收液中氟元素含量为 541.60μg/mL，远高于相同温度下干燥空气下吸收液中氟元素含量（75.42μg/mL）。

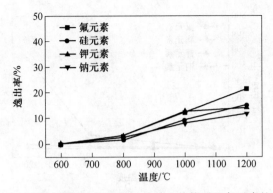

图 7 - 19 干燥空气下含氟碳铈矿铁精矿焙烧过程各元素的逸出率

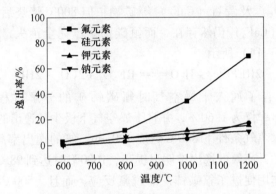

图 7 - 20 水蒸气下含氟碳铈矿铁精矿焙烧过程各元素的逸出率

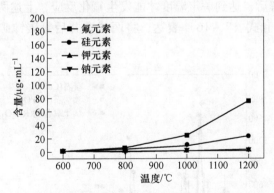

图 7 - 21 干燥空气下焙烧含氟碳铈矿铁精矿尾气吸收液中各元素的含量

因此，水蒸气气氛是影响含氟碳铈矿白云鄂博铁精矿焙烧过程氟元素逸出率的主要因素。

图 7 - 23 所示为水蒸气下氟碳铈矿 800℃ 下保温 2h 焙烧产物的 XRD 分析结果。由图 7 - 23 可以发现，实验原料中原本含有氟碳铈矿（REFCO₃）和少量的

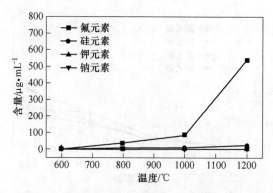

图 7 - 22 水蒸气下焙烧含氟碳铈矿铁精矿尾气吸收液中的各元素含量

独居石矿（REPO₄）及萤石（CaF₂）等矿物，但 800℃ 焙烧后，试样中独居石（REPO₄）、萤石（CaF₂）仍然存在，而氟碳铈矿已完全消失，完全转变为稀土氧化物，如式（7 - 14）所示：

$$2REFCO_3 + H_2O \Longrightarrow RE_2O_3 + 2CO_2 + 2HF \tag{7 - 14}$$

吴志颖[41] 考查了通入干燥空气时氟碳铈矿的分解过程，800℃ 下焙烧 120min，氟的逸出率仅为 1.60%，并且干燥空气下极少量逸出的氟随温度逸出率的变化不大；而水蒸气条件下 800℃ 焙烧 120min，氟的逸出率高达 55.23%，并且随着焙烧温度的升高氟的逸出率明显提高，1000℃ 时达到 98.362%，说明焙烧过程中水蒸气的作用促进了氟碳铈矿的脱氟反应。而且，500℃ 时氟碳铈矿的分解率已达 59.30%，但水蒸气下焙烧温度为 700℃ 时氟逸出率仅为 14.34%。因此，氟碳铈矿分解后，达到一定温度才能发生氟化反应，上述两个步骤可以分别通过式（7 - 15）和式（7 - 16）表达，将两式合并后氟碳铈矿的脱氟反应表示为式（7 - 14）。

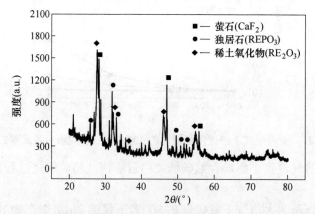

图 7 - 23 水蒸气下含氟碳铈矿铁精矿 800℃ 焙烧产物 XRD 分析结果

$$REFCO_3 \Longrightarrow REOF + CO_2 \qquad\qquad (7-15)$$
$$2REOF + H_2O \Longrightarrow RE_2O_3 + 2HF \qquad\qquad (7-16)$$

经上述分析认为，在白云鄂博铁精矿焙烧过程中，水蒸气的存在促进了氟碳铈矿中的氟的脱除，使其中的氟主要以 HF 气体的形式逸出，且其开始生成温度为 800℃，随着温度升高，气态氟化物的逸出量明显增加。

7.4 本章小结

（1）通过热力学计算可以确定铁精矿焙烧过程中，水蒸气气氛下 SiF_4 的水解反应很容易发生；CaF_2 的水解反应能够发生；KF 及 NaF 的水解反应很难发生。

（2）水蒸气对含萤石各体系的作用主要表现在，水蒸气将 CaF_2 水解，释放出 HF 气体，同时将 CaF_2 转化成 CaO，之后 CaO 与体系中的其他组分结合生成新的物相。

（3）白云鄂博铁精矿焙烧过程中，水蒸气能够促进气态氟化物的逸出，使氟化物明显逸出的温度从空气气氛下的 1100℃ 下降到 1000℃，且空气气氛下氟逸出的形式以 SiF_4 为主，水蒸气下氟逸出的形式以 HF 为主。

（4）在白云鄂博铁精矿焙烧过程中，水蒸气的存在促进了氟碳铈矿中的氟的脱除，使其中的氟主要以 HF 气体的形式逸出，且其开始生成温度为 800℃，随着温度升高气态氟化物的逸出量明显增加。

8 铁精矿焙烧过程氟化反应动力学研究

热分析动力学是应用热分析技术研究物质的物理变化及化学反应的控速机理的一种方法[130~135]。多年以来固相反应动力学一直是热分析动力学研究的核心，其主要任务是确定固相反应的机理及相关动力学参数。目前已有许多相应的数据处理方式应用于热分析动力学的研究过程中，可分为积分法和微分法；从操作方式上可分为单一扫描速率法及多重扫描速率法。目前广泛认为，采用多重扫描速率法来测定热分析的数据，并通过用等转化率法确定活化能随转化率的变化情况，能够更准确地揭示反应的复杂本质。

本书采用等温和非等温 TG 和 DSC 法，通过对天然钾长石 – CaF_2 和天然钠辉石 – CaF_2 两个体系的高温焙烧过程进行动力学研究，以求解出能描述白云鄂博铁精矿焙烧过程氟化反应的机理及相关动力学参数。

8.1 热分析动力学分析方法的选择

热分析方法作为反应动力学的研究方法之一，已在许多化学过程的研究中得到应用。目前，国内外应用该方法进行的研究工作主要集中在有显著热量变化或重量变化的，类似分解反应的简单物质领域，或者是热量变化或重量变化完全能够表达反应进程的问题上，对于含氟铁精矿与其脉石之间反应动力学研究的相关报道不多见。

8.1.1 动力学方程

定温条件下的均相反应的动力学方程为：

$$\frac{\mathrm{d}c}{\mathrm{d}t} = k(T)f(c) \tag{8-1}$$

式中，c 为产物的浓度；t 为反应时间；$k(T)$ 为速率常数与温度的关系式；$f(c)$ 为反应机理函数。

在均相反应中通常用 $f(c) = (1-c)^n$ 的反应级数形式来表示反应机理。

经过转换后的不定温、非均相反应的动力学方程就成为以下形式：

$$\frac{\mathrm{d}c}{\mathrm{d}t} = k(T)f(c) \xrightarrow[\beta=\mathrm{d}T/\mathrm{d}t]{c \rightarrow a} \mathrm{d}\alpha/\mathrm{d}T = (1/\beta)k(T)f(\alpha) \tag{8-2}$$

$$\alpha = \frac{m_0 - m(t)}{m_0 - m_\infty} \tag{8-3}$$

式中，β 为升温速率（一般为常数）；α 为转化百分率；m_0 是试样初始时刻的质量；$m(t)$ 为试样在 t 时刻的质量；m_∞ 为试样的最终质量；t 为反应时间。

动力学方程中的速率常数 k 与温度之间存在非常密切的关系。其中，Arrhenius 通过模拟平衡常数－温度关系式的形式，提出的速率常数－温度关系式最为常用[136]：

$$k = A\exp(-E/RT) \tag{8-4}$$

式中，A 为指前因子；E 为活化能；R 为普适气体常数；T 为热力学温度。非均相体系在定温与非定温条件下的两个常用动力学方程式如下：

$$d\alpha/dT = A\exp(-E/RT)f(\alpha) \quad （定温） \tag{8-5}$$

$$d\alpha/dT = (A/\beta)\exp(-E/RT)f(\alpha) \quad （不定温） \tag{8-6}$$

研究动力学机理的目的就在于求解出能描述某一反应过程的上述方程中的"动力学三因子" E、A 和 $f(\alpha)$ [137-140]。

动力学模型函数可以表示物质反应速率 k 与转化率 α 之间所遵循的函数关系，代表反应的机理，它相应的积分形式被定义为式（8-7）：

$$G(\alpha) = \int_0^\alpha d\alpha/f(\alpha) \tag{8-7}$$

对于非均相反应，所用传统的动力学模式函数都是设想在固相反应中，反应物和产物的界面上存在一个局部的反应活性区域，而反应进程则由这一界面的推进进行表征，同时将控制反应速率的各种关键步骤，即控速环节的速率方程，如产物晶核的形成与长大、相界面反应或产物气体的扩散等分别推导出来。

单个扫描速率法是通过在同一扫描速率下，对反应测得一条 TA 曲线上的数据点进行动力学分析的方法。这是热分析动力学长期以来主要的数据处理方法。该方法通过将动力学方程的微分式 $f(\alpha)$ 或 $G(\alpha)$ 代入，而将热分析数据代入方程进行计算，根据能否获得最佳线性关系来选择最概然机理函数，并根据所得直线的斜率和截距来确定动力学参数。

多重扫描速率法是指用不同加热速率下所测得的多条 TA 曲线的热分析数据来进行动力学分析的方法。由于其中的一些方法常用到在几条 TA 曲线上同一转化率 α 处的数据，故又称等转化率法。用这种方法能够在不涉及动力学模式函数的前提下获得较为可靠的活化能 E 值，可以用来对单个扫描速率法的结果进行验证。而且，还可以通过比较不同 α 下的 E 值来核实反应机理在整个过程中的一致性[141-144]。

8.1.2 动力学模型的建立

8.1.2.1 Coats - Redfern 法[145]

式（8-6）移项后可得：

$$\int_0^\alpha \frac{d\alpha}{f(\alpha)} = \int_{T_0}^T \frac{A}{\beta}\exp(-E/ER)dT \tag{8-8}$$

令
$$g(\alpha) = \int_0^\alpha \frac{\mathrm{d}\alpha}{f(\alpha)} \tag{8-9}$$

则
$$g(\alpha) = \frac{A}{\beta} \int_{T_0}^T \exp(-E/RT)\,\mathrm{d}T \tag{8-10}$$

式（8-10）中，T_0 为初始温度。式（8-10）右端的积分式是不可解析求积的，在许多研究中都曾讨论过它的近似解的问题。实际上，大多数积分动力学分析方法彼此之间的差别，就在于使用了不同的温度积分的近似式。将式（8-10）分离变量后积分整理，并通过对温度积分进行近似推导，Coats 和 Redfern 推导出了式（8-11）近似的积分型方程，它适用于 $f(\alpha) = (1-\alpha)^n$ 型反应，其中 n 为反应级数。

$$\ln\left[\frac{g(\alpha)}{T^2}\right] = \ln\left\{\frac{AR}{\beta E}\left[1 - \frac{2RT}{E}\right]\right\} - \frac{E}{RT} \tag{8-11}$$

这里，当 $n = 1$ 时：
$$g(\alpha) = -\ln(1-\alpha) \tag{8-12}$$

当 $n \neq 1$ 时：
$$g(\alpha) = \frac{1 - (1-\alpha)^{1-n}}{1-n} \tag{8-13}$$

对于 E 而言，大部分反应的 $\frac{2RT}{E}$ 通常比 1 小得多，即式（8-11）中等式右边中括号中的 $\frac{2RT}{E}$ 可以忽略。于是，式（8-11）可简化为：

$$\ln\left[\frac{g(\alpha)}{T^2}\right] = \ln\left[\frac{AR}{\beta E}\right] - \frac{E}{RT} \tag{8-14}$$

因此，$\ln\left[\frac{g(\alpha)}{T^2}\right]$ 与 $1/T$ 的图形应该是一条直线，其斜率为 $-E/R$，而通过直线的截距可以确定指前因子 A。也就是说，通过将 $\ln\left[\frac{g(\alpha)}{T^2}\right]$ 对 $1/T$ 作图，通过确认该图形是否呈线性关系，来判断选取的反应级数是否正确，或确定了正确的反应级数后，可以分别通过直线的斜率和截距求出活化能和指前因子 A。这就是 Coats – Redfern 在热分析动力学中的应用方法。

8.1.2.2 Flynn – Wall – Ozawa 法

Flynn – Wall – Ozawa 法也是一种对温度的近似积分法，但此方法与 Coats – Redfern 法的不同之处在于，前者避开了反应机理函数的选择，而直接求活化能值[146,147]。与其他方法相比较，它避免了对反应机理函数进行的假设不同而产生的误差。因此，该方法可以用于检验采用其他数据处理方法确定的反应机理函数的准确性及求得相应的活化能数值的正确性。这是 Flynn – Wall – Ozawa 法的最为突出的优越性。

Flynn – Wall – Ozawa 法具体的积分方法如下：

对于式（8 – 10），令 $y = \dfrac{E}{RT}$，则

$$\frac{A}{\beta} \int_{T_0}^{T} \exp\left(-\frac{E}{RT}\right) \mathrm{d}T = \frac{AE}{\beta R} p(y) \qquad (8-15)$$

其中

$$p(y) = \frac{\exp(-y)}{y^2}\left(1 - \frac{2!}{y} + \frac{3!}{y^2} - \frac{4!}{y^3} + \cdots\right) \qquad (8-16)$$

将式（8 – 16）前两项取近似，当 $20 \leqslant y \leqslant 60$ 时，式（8 – 17）成立：

$$\lg p(y) \approx -2.315 - 0.4567 \times \frac{E}{RT} \qquad (8-17)$$

将式（8 – 10）和式（8 – 15）联立，并整理后可得：

$$\beta = \frac{AE}{Rg(\alpha)} p(y) \qquad (8-18)$$

$$\lg\beta = \lg\frac{AE}{Rg(\alpha)} + \lg p(y) \qquad (8-19)$$

将式（8 – 17）代入式（8 – 19）可得：

$$\lg\beta = \lg\frac{AE}{Rg(\alpha)} - 2.315 - 0.4567\frac{E}{RT} \qquad (8-20)$$

对式（8 – 20）进行分析后可见，当转化率 α 是常数时，假定 $g(\alpha)$ 只与 α 有关，所以无论 $g(\alpha)$ 为哪种形式，$g(\alpha)$ 总是常数，这样对 $\lg\beta - \dfrac{1}{T}$ 作图，根据其斜率 $-0.4567\dfrac{E}{R}$，可以求出反应的活化能 E 值和指前因子 A。

动力学补偿效应是热分析动力学研究中的一个重要内容。通常，将 $\ln A$ 与 E 呈线性关系的现象称为动力学补偿效应[148]。其数学表达式为：

$$\ln A = aE + b \qquad (8-21)$$

式中，a 和 b 为补偿参数，a 的单位为 mol/kJ。

式（8 – 21）表明，A 对 E 变化的效应得到部分补偿。通过式（8 – 21）可从已知的 E 值预测 A 的实验值，或从已知 A 值预测 E 值。根据式（8 – 22）可以预估某一温度下的 k 值。

$$k = A\mathrm{e}^{-E/RT} = A\mathrm{e}^{-(\ln A - b)/aRT} \qquad (8-22)$$

8.1.3 最概然机理函数的确定

常用的动力学机理函数的积分形式见表 8 – 1。

表 8 – 1 常用的动力学积分形式机理函数

函数序号	函数名称	机　　理	积分形式机理函数 $G(\alpha)$
1	抛物线法则	一维扩散，1D，D_1 减速形 $\alpha - t$ 曲线	α^2

续表 8 - 1

函数序号	函数名称	机　理	积分形式机理函数 $G(\alpha)$
2	Valensi 方程	二维扩散，圆柱形对称，2D，D_2 减速形 $\alpha - t$ 曲线	$\alpha + (1 - \alpha)\ln(1 - \alpha)$
3	Jander 方程	二维扩散，2D，$n = \frac{1}{2}$	$\left[1 - (1 - \alpha)^{\frac{1}{2}} \right]^{\frac{1}{2}}$
4	Jander 方程	二维扩散，2D，$n = 2$	$\left[1 - (1 - \alpha)^{\frac{1}{2}} \right]^{2}$
5	Jander 方程	三维扩散，3D，$n = \frac{1}{2}$	$\left[1 - (1 - \alpha)^{\frac{1}{3}} \right]^{\frac{1}{2}}$
6	Jander 方程	三维扩散，球形对称，3D，D_3 减速形 $\alpha - t$ 曲线，$n = 2$	$\left[1 - (1 - \alpha)^{\frac{1}{3}} \right]^{2}$
7	Ginstling - Brounstein 方程	三维扩散，球形对称，3D，D_4 减速形 $\alpha - t$ 曲线	$1 - \frac{2}{3}\alpha - (1 - \alpha)^{\frac{2}{3}}$
8	反 Jander 方程	三维扩散，3D	$\left[(1 + \alpha)^{\frac{1}{3}} - 1 \right]^{2}$
9	Zhuralev - Lesokin - Tempelman 方程	三维扩散，3D	$\left[(1 - \alpha)^{-\frac{1}{3}} - 1 \right]^{2}$
10	Avrami - Erofeev 方程	随机成核和随后生长，A_4，S 形 $\alpha - t$ 曲线，$n = \frac{1}{4}$，$m = 4$	$\left[-\ln(1 - \alpha) \right]^{\frac{1}{4}}$
11	Avrami - Erofeev 方程	随机成核和随后生长，A_3，S 形 $\alpha - t$ 曲线，$n = \frac{1}{3}$，$m = 3$	$\left[-\ln(1 - \alpha) \right]^{\frac{1}{3}}$
12	Avrami - Erofeev 方程	随机成核和随后生长，$n = \frac{2}{5}$	$\left[-\ln(1 - \alpha) \right]^{\frac{2}{5}}$
13	Avrami - Erofeev 方程	随机成核和随后生长，A_2，S 形 $\alpha - t$ 曲线，$n = \frac{1}{2}$，$m = 2$	$\left[-\ln(1 - \alpha) \right]^{\frac{1}{2}}$
14	Avrami - Erofeev 方程	随机成核和随后生长，$n = \frac{2}{3}$	$\left[-\ln(1 - \alpha) \right]^{\frac{2}{3}}$
15	Avrami - Erofeev 方程	随机成核和随后生长，$n = \frac{3}{4}$	$\left[-\ln(1 - \alpha) \right]^{\frac{3}{4}}$

函数序号	函数名称	机　理	积分形式机理函数 $G(\alpha)$
16	Mample 单行法则，一级	随机成核和随后生长，假设每个颗粒上只有一个核心，A_1，F_1，S 形 $\alpha - t$ 曲线，$n = 1$，$m = 1$	$- \ln(1 - \alpha)$
17	Avrami - Erofeev 方程	随机成核和随后生长，$n = \dfrac{3}{2}$	$\left[- \ln(1 - \alpha) \right]^{\frac{3}{2}}$
18	Avrami - Erofeev 方程	随机成核和随后生长，$n = 2$	$\left[- \ln(1 - \alpha) \right]^{2}$
19	Avrami - Erofeev 方程	随机成核和随后生长，$n = 3$	$\left[- \ln(1 - \alpha) \right]^{3}$
20	Avrami - Erofeev 方程	随机成核和随后生长，$n = 4$	$\left[- \ln(1 - \alpha) \right]^{4}$
21	Prout - Tompkins 方程	自催化反应，枝状成核，A_u，B_1（S 形 $\alpha - t$ 曲线）	$\ln\left(\dfrac{\alpha}{1 - \alpha} \right)$
22	Mampel　Power 法则（幂函数法则）	$n = \dfrac{1}{4}$	$\alpha^{\frac{1}{4}}$
23	Mampel　Power 法则（幂函数法则）	$n = \dfrac{1}{3}$	$\alpha^{\frac{1}{3}}$
24	Mampel　Power 法则（幂函数法则）	$n = \dfrac{1}{2}$	$\alpha^{\frac{1}{2}}$
25	Mampel　Power 法则（幂函数法则）	相边界反应（一维），R_1，$n = 1$	α
26	Mampel　Power 法则（幂函数法则）	$n = \dfrac{1}{2}$	$\alpha^{\frac{3}{2}}$
27	Mampel　Power 法则（幂函数法则）	$n = 2$	α^{2}
28	反应级数	$n = \dfrac{1}{4}$	$1 - (1 - \alpha)^{\frac{1}{4}}$
29	收缩球状（体积）	相边界反应，球形对称，R_3，减速形 $\alpha - t$ 曲线，$n = \dfrac{1}{3}$（三维）	$1 - (1 - \alpha)^{\frac{1}{3}}$
30	收缩球状（体积）	相边界反应，球形对称，R_3，减速形 $\alpha - t$ 曲线，$n = 3$（三维）	$3 \times \left[1 - (1 - \alpha)^{\frac{1}{3}} \right]$

函数序号	函数名称	机　　理	积分形式机理函数 $G(\alpha)$
31	收缩柱状体（面积）	相边界反应，圆柱形对称，R_2，减速形 $\alpha - t$ 曲线，$n = \frac{1}{2}$（二维）	$1 - (1 - \alpha)^{\frac{1}{2}}$
32	收缩柱状体（面积）	相边界反应，圆柱形对称，R_2，减速形 $\alpha - t$ 曲线，$n = 2$（二维）	$2 \times \left[1 - (1 - \alpha)^{\frac{1}{2}} \right]$
33	反应级数	$n = 2$	$1 - (1 - \alpha)^2$
34	反应级数	$n = 3$	$1 - (1 - \alpha)^3$
35	反应级数	$n = 4$	$1 - (1 - \alpha)^4$
36	二级	化学反应，F_2，减速形 $\alpha - t$ 曲线	$(1 - \alpha)^{-1} - 1$
37	反应级数	化学反应	$1 - (1 - \alpha)^{-1} - 1$
38	2/3 级	化学反应	$1 - (1 - \alpha)^{-\frac{1}{2}}$
39	指数法则	E_1，$n = 1$，加速形 $\alpha - t$ 曲线	$\ln\alpha$
40	指数法则	$n = 2$	$\ln\alpha^2$
41	三级	化学反应，F_3，减速形 $\alpha - t$ 曲线	$(1 - \alpha)^{-2}$

8.2　天然钾长石 – CaF₂ 体系的动力学分析

8.2.1　升温速率对氟化反应的影响

　　图 8 - 1、图 8 - 2 和图 8 - 3 所示分别为天然钾长石 – CaF_2 体系不同升温速率下的差式扫描（DSC）、热重（TG）和微商热重（DTG）的分析结果。上述三图给出了天然钾长石 – CaF_2 体系不同升温速率下氟化反应的失重信息和热量变化信息。其中，微商热重曲线（DTG 曲线）是对 TG 曲线求一阶导数得到的反应质量的变化率与温度的关系，它可清楚地反映出起始反应温度、最大反应速率及其对应的温度等信息。

　　升温速率是热分析动力学研究过程考虑的主要因素之一[149 - 153]。从图 8 - 1 中可以看出，升温速率最小为 5℃/min 时，能够更准确地表达升温过程中体系发生的化学反应或物理变化，与其他升温速率条件下的 DSC 曲线对比，可以看出，在 961.5℃ 和 990.5℃ 分别出现两个较小的放热峰，而且氟化反应对应的吸热峰出现的温度要低于其他升温速率条件下。图 8 - 1 中 10℃/min、20℃/min 和 40℃/min 升温速率条件下，DSC 曲线上放热峰峰值温度比较接近，说明升温速率的变化没有改变反应的机制。然而，若升温速率过快，不仅容易导致反应滞后和中间产物信号的损失，同时可能造成 DSC 基线漂移；但它具备的优点是可以提高灵敏度和强化峰形。同时，随着升温速率倍增，放热峰面积会大幅增加，这是由于 DSC 曲线从峰返回基线的温度是由时间和试样与参比物之间的温度差决定的。若升温速率增加，样品达到相同温度所需的时间将缩短，相应单位时间内体系发生氟化反应的量就有所增加，所以，升温速率增加，曲线返回基线时或热效应结束时的温度均向高温方向移动。因此，升温速率增加，反映在体系能量变化上吸收的热量增加。

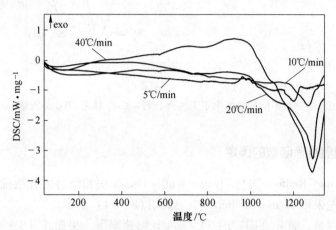

图 8－1　不同升温速率下天然钾长石－CaF₂ 体系 DSC 分析结果

图 8－2 中，随着升温速率 5℃/min 增加到 40℃/min，体系的总失重率下降，从 16.51% 降至 9.35%，开始失重的温度升高，从 1045.0℃ 增加到 1117.0℃。同时，结合图 8－3 可以看出，随着升温速率增加，体系的最大失重温度，即体系氟化物逸出开始温度从 1211.5℃ 升高至 1326.5℃。分析其原因，升温速率增加，体系反应物颗粒达到氟化反应所需温度的响应时间变短，有利于反应的进行；但是，升温速率的增加使样品颗粒内外的温差变大，颗粒内部的含氟气体来不及扩散，影响内部氟化反应的进行。

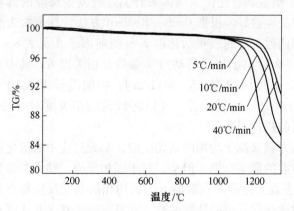

图 8－2　不同升温速率下天然钾长石－CaF₂ 体系 TG 分析结果

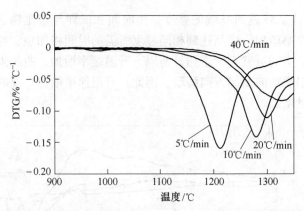

图 8 – 3 不同升温速率下天然钾长石 – CaF$_2$ 体系 DTG 分析结果

8.2.2 最概然机理函数的确定

采用 Coats – Redfern 法与 Flynn – Wall – Ozawa 法相结合的方法确定最概然机理函数。首先采用 Coats – Redfern 法，如式（8 – 14）所示。

具体过程是，首先在固定的 5℃/min 升温速率下，根据式（8 – 3）计算出天然钾长石 – CaF$_2$ 体系在升温过程某一时刻的氟化反应的转化率 α。

然后将转化率 α 分别代入表 8 – 1 中的机理函数中，计算出 41 种机理函数 $G(\alpha)$，然后分别代入方程式（8 – 14），并以 $\frac{1}{T}$ 为横坐标，$\ln\left[\frac{G(\alpha)}{T^2}\right]$ 为纵坐标作图，$\frac{1}{T}$ 与 $\ln\left[\frac{G(\alpha)}{T^2}\right]$ 应为直线关系，作出直线后根据直线的斜率 $-\frac{E}{R}$，可以得出该体系氟化反应的表观活化能 E 值，继而根据直线的截距 $\ln\left[\frac{AR}{\beta E}\right]$ 可以得出指前因子 A 值。$G(\alpha)$ 函数式愈能代表该体系升温过程发生反应的真实情况，则由方程拟合的直线相关性愈好。根据 Coats – Redfern 方法计算出的天然钾长石 – 萤石体系的不同机理函数对应的表观活化能 E 及指前因子 A 见表 8 – 2。针对不同的机理函数，表 8 – 2 给出了相应的动力学参数及相关度 R，其中，表观活化能 E 最小值为 7.82kJ/mol，最大值 657.74kJ/mol；指前因子 A 从 10^{-1} s^{-1} 到 10^{23} s^{-1}；相关度 R 最高为 0.96。通过比较，可以将较低的相关度对应的机理函数去掉，保留相关度较高的机理函数。

阿累尼乌斯方程来源于均相的基元反应，基元反应中的活化能是使寻常分子变成活化分子所需的最小能量。但是，对于固相反应，动力学参数的意义较基元反应模糊[154]。表观活化能 E 在数值上不如均相的基元反应那么直观、明确，但可以将其作为描述化学反应的数学参数，其具有经验意义和能峰意义，数值上相当于组成该非基元反应活化能的代数和[155]。

阿累尼乌斯给出了 Arrhenius 方程，提出了活化能概念。但化学反应的进行为什么需要克服能垒，速率常数为什么跟 $-E/RT$ 成指数关系，他并没有作出解释。

碰撞理论认为，能发生碰撞的一组分子，必须具备足够的能量，以克服分子无限接近时电子云之间的斥力，从而实现分子中原子重排，即发生化学反应。在反应时，反应物分子单位时间、单位体积内的碰撞次数和能导致反应的有效碰撞次数，是反应动力学引入分子碰撞理论的关键所在。

分子碰撞理论用于预测多数反应的指前因子，要比实际小很多。为了校正理论计算的偏差，过渡状态理论将 Arrhenius 方程中的指前因子写成式（8 – 23）：

$$k_{0(真实)} = Pk_{0(理论)} \tag{8-23}$$

式中，P 为校正因子，或称方位因子，它包括了降低分子有效碰撞的所有因素，如方位因素，传能迟缓因素，空间效应等。

分子碰撞理论和过渡状态理论考查的都是大量分子组成的统计物系，速率与平衡都是以统计物系为研究对象。分子碰撞理论谈到的分子运动的动能实际上在反应时将转化为分子内移动状态的能量。而过渡状态理论中尽管没有明显谈到分子运动的动能，但在活化熵的计算上还是考虑到分子的平动状态。所以，过渡状态理论与分子碰撞理论的关系可以看成是类似于机械力学与量子力学的一种关系。它们用在解释 Arrhenius 方程上起到了互相补充的作用[156]。

表 8 – 2　天然钾长石 – CaF₂ 体系氟化反应的 41 种机理函数动力学参数

函数	$E/kJ \cdot mol^{-1}$	A/s^{-1}	R
1	225.16	4.59×10^7	0.96
2	247.89	2.18×10^8	0.95
3	47.62	1.93×10^1	0.94
4	264.17	5.39×10^8	0.95
5	52.62	2.48×10^1	0.92
6	280.17	1.15×10^9	0.95
7	258.23	1.34×10^8	0.95
8	206.02	7.32×10^5	0.96
9	362.00	3.18×10^{12}	0.94
10	19.34	1.29	0.83
11	33.52	6.91	0.89
12	44.87	2.27×10^1	0.90
13	61.90	1.21×10^2	0.92

函数	$E/\text{kJ} \cdot \text{mol}^{-1}$	A/s^{-1}	R
14	90. 27	1.67×10^3	0. 93
15	104. 46	5.94×10^3	0. 93
16	147. 02	2.44×10^5	0. 94
17	232. 14	3.27×10^8	0. 94
18	317. 26	3.80×10^{11}	0. 95
19	487. 50	4.22×10^{17}	0. 95
20	657. 74	4.12×10^{23}	0. 95
21	255. 32	1.88×10^9	0. 86
22	7. 82	1.77×10^{-1}	0. 69
23	18. 17	8.81×10^{-1}	0. 85
24	38. 87	8. 66	0. 92
25	100. 96	2.18×10^3	0. 95
26	163. 06	3.42×10^5	0. 95
27	225. 16	4.59×10^7	0. 96
28	132. 81	1.45×10^4	0. 94
29	128. 47	1.24×10^4	0. 94
30	128. 47	3.73×10^4	0. 94
31	120. 47	8.24×10^3	0. 94
32	120. 47	1.65×10^4	0. 94
33	75. 11	2.76×10^2	0. 94
34	58. 56	6.52×10^1	0. 94
35	44. 78	2.19×10^1	0. 93
36	99. 67	2.32×10^4	0. 74
37	223. 90	4.92×10^8	0. 90
38	38. 22	2.79×10^1	0. 65
39	—	—	—
40	—	—	—
41	222. 57	5.24×10^9	0. 77

注：第 39、40 号函数没有计算结果。

在采用 Coats - Redfern 法考查多种机理函数的基础上，再利用 Flynn - Wall - Ozawa 方法来进一步确定最概然机理函数及其动力学参数。Flynn - Wall - Ozawa 法是热分析动力学的另一种积分方法，其表达式如式（8 - 20）所示。

在 Flynn – Wall – Ozawa 方法的分析过程中，首先在不同的升温速率 β 下，选择相同 α，则 $G(\alpha)$ 是一个固定值，这样 $\lg\beta$ 与 $1/T$ 就成线性关系，从斜率可求出表观活化能 E 值。对每个 α 都可求出一个 E 值。Ozawa 法回避了选择反应机理函数而直接求出 E 值，因而避免了由于反应机理函数假设的不当而可能产生的误差。因此，Flynn – Wall – Ozawa 法可用来检验由假设反应机理函数的方法求出的活化能值是否准确。不同转化率下天然钾长石 – CaF₂ 体系 $\frac{1}{T}$ 与 $\lg\beta$ 的关系如图 8 – 4 所示，通过图 8 – 4 中天然钾长石 – CaF₂ 体系 $\frac{1}{T}$ 与 $\lg\beta$ 的线性关系确定的不同升温速率下天然钾长石 – CaF₂ 体系的表观活化能 E 见表 8 – 3。

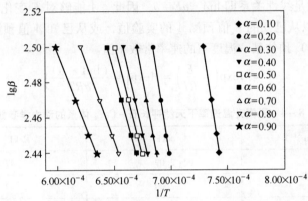

图 8 – 4　不同转化率下天然钾长石 – CaF₂ 体系 $\frac{1}{T}$ 与 $\lg\beta$ 的关系

表 8 – 3　不同升温速率下天然钾长石 – CaF₂ 体系的表观活化能 E

转化率 α	$E/\mathrm{kJ \cdot mol^{-1}}$	R
0.10	72.10	0.99
0.20	68.10	0.99
0.30	56.12	0.98
0.40	47.53	0.98
0.50	42.32	0.99
0.60	37.79	0.99
0.70	34.81	0.99
0.80	29.51	0.99
0.90	27.31	0.99

从表 8 – 3 可以看出，天然钾长石 – CaF₂ 体系氟化反应的表观活化能 E 随着

转化率 α 的升高呈现下降的趋势，其平均值为 46.18kJ/mol，将此结果与表 8-2 中通过 Coats-Redfern 法计算所得结果进行对比，可以筛选出 3 号机理函数，最接近 Flynn-Wall-Ozawa 法关于表观活化能的计算结果，其表观活化能为 47.62kJ/mol。因此，确定表 8-1 中 3 号机理函数为该体系氟化反应的最概然机理函数，机理函数为 $\left[1-(1-\alpha)^{\frac{1}{2}}\right]^{\frac{1}{2}}$，反应机理为二维扩散，反应级数为 $n=\frac{1}{2}$，表观活化能 E 为 47.62kJ/mol，指前因子 A 为 $1.93 \times 10 \mathrm{s}^{-1}$。

根据确定的机理函数，可以得到不同升温速率下天然钾长石-CaF_2 体系升温过程的表观活化能 E 及对应的指前因子 A，见表 8-4。由于表观活化能 E 与 $\ln A$ 两者之间满足线性关系即 $\ln A = aE + b$，因此，A 能够对 E 变化的效应得到部分补偿，即可以从已知的 E 值预测 A 的实验值，或从已知 A 值预测 E 值，并可以用式（8-24）预估某一温度下的速率常数 k 值。

$$k = A\exp\left(-\frac{E}{RT}\right) = A\exp\left[-\frac{(\ln A - b)}{aRT}\right] \tag{8-24}$$

表 8-4　不同升温速率下天然钾长石-CaF_2 体系的动力学参数

$\beta/K \cdot min^{-1}$	$\ln A$	$E/kJ \cdot mol^{-1}$
278	3.09	47.62
283	2.00	37.23
293	0.90	27.40
313	0.38	22.89

将不同升温速率下天然钾长石-CaF_2 体系的表观活化能 E 与 $\ln A$ 作图，如图 8-4 所示。图 8-5 中，E 与 $\ln A$ 呈相关性为 0.99 的线性关系，且 $\ln A = 0.11E - 2.20$。

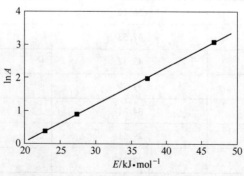

图 8-5　天然钾长石-CaF_2 体系的表观活化能 E 与 $\ln A$ 的关系

8.3　天然钠辉石－CaF₂体系的动力学分析

8.3.1　升温速率对氟化反应的影响

图 8-6、图 8-7 和图 8-8 所示分别为天然钠辉石－CaF₂ 体系不同升温速率下的差式扫描（DSC）、热重（TG）和微商热重（DTG）的分析结果。

图 8-6 中不同升温速率下天然钠辉石－CaF₂ 体系的 DSC 曲线上 900℃ 以上均出现不典型的放热峰和吸热峰。随着升温速率增加，体系在整个升温过程中的能量均呈现增加的趋势，DSC 曲线随着温度升高上移浮动明显增加，并且峰形更加明显，同时曲线上各放热峰和吸热峰的峰值温度升高。以最后一个放热峰为例，从升温速率为 5℃/min 的 983.4℃ 增加到升温速率 40℃/min 的 1117.3℃。

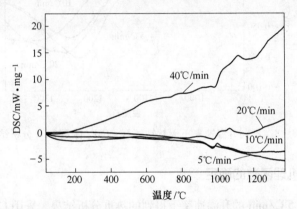

图 8-6　不同升温速率下天然钠辉石－CaF₂ 体系 DSC 分析结果

结合图 8-7 和图 8-8 可以看出，不同升温速率下天然钠辉石－CaF₂ 体系气态氟化物逸出的开始温度均在 1100℃ 以上，并且随着升温速率的增加，体系开始失重的温

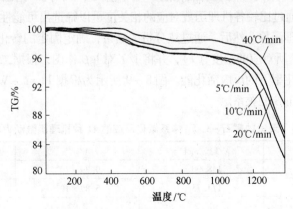

图 8-7　不同升温速率下天然钠辉石－CaF₂ 体系 TG 分析结果

度逐渐提高，从 5℃/min 的 1085.7℃ 增加到 40℃/min 的 1145.9℃。而且，在体系有含氟气体逸出的温度区间内，到达相同温度点时，体系的失重率有减少的趋势。

图 8 - 8 是 900℃ 以上不同升温速率下天然钠辉石 - CaF$_2$ 体系的失重率的变化。从图中可以看出，随着升温速率的下降，DTG 曲线上失重速率变化更加明显，即升温速率为 5℃/min 时，体系的最大失重速率为 0.074%/℃，而升温速率为 40℃/min 时，体系的最大失重速率为 0.060%/℃。而且，体系达到最大失重速率时对应的温度有所升高，从 5℃/min 的 1229.9℃ 提高到 40℃/min1341.4℃。

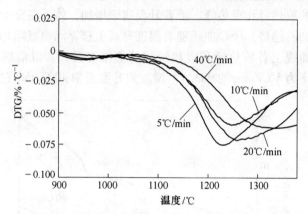

图 8 - 8　不同升温速率下天然钠辉石 - CaF$_2$ 体系 DTG 分析结果

8.3.2　最概然机理函数的确定

首先，针对 5℃/min 的升温速率下得到的热重分析结果，采用 Coats - Redfern 法计算出天然钠辉石 - CaF$_2$ 体系氟化反应的 41 种机理函数的动力学参数，见表 8 - 5。计算过程中，依然是对升温速率（TG - T）数据处理后，通过 Coats - Redfern 积分法得到 41 种机理函数所对应的表观活化能 E 及指前因子 A，同时给出不同机理函数对应的相关度 R。通过比较各机理函数对应的相关度可以筛选出可能性较大的符合该体系氟化反应的机理函数。然后，通过热分析的结果，确定固定的转化率（α）下，不同升温速率（β）所对应的温度（T），并将 $1/T$ 对 $\lg\beta$ 作图，根据二者之间的线性关系，确定不同转化率下的反应活化能。图 8 - 9 所示为根据 Flynn - Wall - Ozawa 积分法确定的 $1/T$ 与 $\lg\beta$ 的关系。

表 8 - 5　天然钠辉石 - CaF$_2$ 体系氟化反应的 41 种机理函数动力学参数

函数	$E/kJ \cdot mol^{-1}$	A/s^{-1}	R
1	148.90	9.29×10^4	0.97
2	174.73	5.85×10^5	0.97
3	30.22	2.92	0.93
4	193.49	1.77×10^6	0.97

函数	$E/\text{kJ} \cdot \text{mol}^{-1}$	A/s^{-1}	R
5	34. 79	4. 16	0. 93
6	211. 79	4.52×10^6	0. 96
7	186. 67	4.10×10^5	0. 97
8	129. 28	1.35×10^3	0. 97
9	304. 34	2.69×10^{10}	0. 94
10	10. 54	3.55×10^{-1}	0. 75
11	22. 13	1. 87	0. 87
12	31. 39	5. 55	0. 90
13	45. 29	2.42×10^1	0. 92
14	68. 45	2.31×10^2	0. 93
15	80. 03	6.78×10^2	0. 94
16	114. 78	1.54×10^4	0. 94
17	184. 27	6.22×10^6	0. 95
18	253. 76	2.15×10^9	0. 95
19	392. 74	2.11×10^{14}	0. 96
20	531. 71	1.80×10^{19}	0. 96
21	374. 43	1.49×10^{13}	0. 91
22	– 2. 57	-2.63×10^{-2}	0. 54
23	4. 65	8.04×10^{-2}	0. 65
24	19. 07	9.43×10^{-1}	0. 92
25	62. 35	7.17×10^1	0. 96
26	105. 62	2.83×10^3	0. 97
27	148. 90	9.29×10^4	0. 97
28	98. 75	7.81×10^2	0. 95
29	93. 79	6.32×10^2	0. 96
30	93. 79	1.89×10^3	0. 96
31	84. 64	3.73×10^2	0. 96
32	84. 64	7.46×10^2	0. 96
33	33. 41	5. 19	0. 94
34	16. 07	7.07×10^{-1}	0. 86
35	4. 84	9.26×10^{-2}	0. 53
36	115. 05	6.74×10^4	0. 76
37	201. 62	6.42×10^7	0. 89

续表 8 - 5

函数	$E/\text{kJ} \cdot \text{mol}^{-1}$	A/s^{-1}	R
38	45.42	5.07×10^{1}	0.68
39	—	—	—
40	—	—	—
41	254.30	4.12×10^{10}	0.79

注：第 39 号、40 号函数没有计算结果。

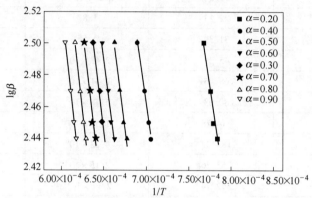

图 8 -9　不同转化率下天然钠辉石 - CaF_2 体系 $\dfrac{1}{T}$ 与 $\lg\beta$ 的关系

表 8 -6 是通过 Flynn - Wall - Ozawa 积分法计算得到的，不同转化率下的天然钠辉石 - CaF_2 体系的表观活化能 E，其平均值为 66.89kJ/mol，将该计算结果与表 8 -5 中的采用 Coats - Redfern 积分法确定的表观活化能相对照，其中 14 号机理函数的表观活化能为 68.45kJ/mol，与 66.89kJ/mol 最接近，且相关度较高。因此，确定表 8 -1 中 14 号机理函数为天然钠辉石 - CaF_2 体系氟化反应的最概然机理函数，机理函数为 $\left[-\ln(1-\alpha)\right]^{\frac{2}{3}}$，反应机理为随机成核和随后生长，反应级数为 $n = \dfrac{2}{3}$，其表观活化能为 68.45kJ/mol，指前因子为 $2.31 \times 10^{2}\text{s}^{-1}$。

表 8 -6　不同升温速率下天然钠辉石 - CaF_2 体系的表观活化能 E

转化率 α	$E/\text{kJ} \cdot \text{mol}^{-1}$	R
0.20	57.13	0.93
0.30	59.26	0.99
0.40	63.57	0.93
0.50	64.66	0.98

转化率 α	$E/\text{kJ} \cdot \text{mol}^{-1}$	R
0.60	69.40	0.96
0.70	72.64	0.93
0.80	74.40	0.96
0.90	74.04	0.99

将不同升温速率下天然钾长石 – CaF$_2$ 体系的表观活化能 E 与 $\ln A$（表 8 – 7）作图，如图 8 – 10 所示。图 8 – 10 中，E 与 $\ln A$ 呈相关性为 0.96 的线性关系，且 $\ln A = 0.12E - 2.97$。

表 8 – 7 不同升温速率下天然钠辉石 – CaF$_2$ 体系的动力学参数

$\beta/\text{K} \cdot \text{min}^{-1}$	$E/\text{kJ} \cdot \text{mol}^{-1}$	$\ln A$
278	62.35	4.27
283	54.76	3.48
293	50.94	3.09
313	48.93	2.64

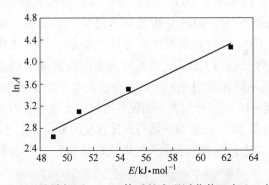

图 8 – 10 天然钠辉石 – CaF$_2$ 体系的表观活化能 E 与 $\ln A$ 的关系

天然钠辉石中的氟元素含量为 8.92%，采用半球法测定其软化温度、半球温度和流动温度分别为 1040℃、1090℃和 1154℃，与其氟含量相当的含 20% CaF$_2$ 的天然钾长石的软化温度、半球温度和流动温度分别为 1210℃、1215℃和 1261℃。因此，天然钾长石 – CaF$_2$ 体系的氟化反应为固相反应，天然钾长石与 CaF$_2$ 两者相互接触的机会少，氟化物的逸出受反应物二维扩散过程控制。而天然钠辉石与萤石作用氟化物的生成是在液相中进行的，体系中反应物的扩散不再是氟化物逸出的制约因素。由于氟化产物 SiF$_4$、NaF 等在液相中生成后很难找到形核长大生成气泡的形核中心，因此在体系中滞留、积累，因此，产物的随机形核随后长大成为天然钠辉石 – 萤石体系氟化物逸出过程的限制性环节。

8.4 焙烧过程钾长石与萤石之间的扩散行为

由于前面的研究结果证实，天然钾长石 – CaF_2 体系氟化反应的限制性环节为二维扩散。因此，通过扩散偶实验来确定钾长石及萤石中各元素的扩散系数。

烧结扩散偶制作过程中，首先将研磨至粒度为 0.074mm 以下的钾长石粉，内加适量浓度为 1% 的聚乙烯醇黏结剂，混匀后放入压样模具内，在 150MPa 的压力下持续加压 2min。然后，再取适量添加 1% 浓度聚乙烯醇黏结剂的 CaF_2 粉末放入模具内，以 150MPa 压力将 CaF_2 和钾长石粉压制在一起，持续时间 2min。为了减少温度分布对其扩散和反应的影响，制作钾长石与 CaF_2 的烧结扩散偶过程中尽量减薄试样层的厚度。本实验中控制钾长石与 CaF_2 压片的厚度均为 4mm。

将制作好的钾长石与 CaF_2 扩散偶放入炉温为 1200℃ 的高温电炉内，待试样达到炉温后分别保温 10min、20min 和 30min，保温结束后放置在空气中冷却，然后在真空下将树脂渗入试样。固化后沿扩散方向进行断面切割，打磨平整后抛光。之后采用 SEM – EDS 进行显微观察，并结合扫描电镜线扫描的功能对扩散边界两侧进行成分分析，确定不同扩散时间后扩散边界两侧成分的变化，揭示钾长石与 CaF_2 之间固相扩散对氟化物逸出的作用。

图 8 – 11 （a）、图 8 – 11 （b）、图 8 – 11 （c）所示分别为天然钾长石 – CaF_2 扩散偶 1200℃保温的 SEM – EDS 分析结果。图 8 – 11 显示，随着保温时间的延长，天然钾长石与 CaF_2 之间并未形成明显的扩散层，只是两种物质边界逐渐变得模糊，但对天然钾长石与 CaF_2 接触面两侧进行线扫描分析显示，天然钾长石及 CaF_2 接触面两侧不同元素的原子个数百分比发生了明显的变化。

图 8 – 12 ~ 图 8 – 15 所示分别为不同保温时间后天然钾长石 – CaF_2 扩散偶边界接触面两侧 Ca、F、K 及 Si 元素原子数百分比含量的变化。上述图中左侧为天然钾长石，右侧为 CaF_2，中间纵坐标表示天然钾长石与 CaF_2 之间接触面所在的位置。

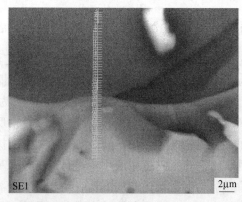

(a)

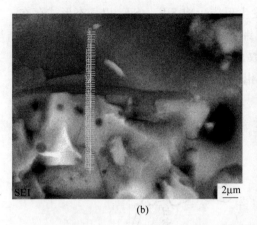
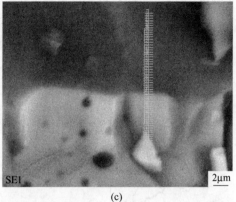

(b)   (c)

图 8 - 11　天然钾长石 - CaF₂ 扩散偶不同扩散时间的 SEM - EDS 分析结果

（a）保温 10min；（b）保温 20min；（c）保温 30min

　　比较图 8 - 12 和图 8 - 13 可以看出，1200℃下扩散时间达到 30min 后氟元素和钙元素在天然钾长石内的原子数百分比含量分别达到 53.22% 和 31.18%，而天然钾长石原有各元素所占比例相对减小。因此，CaF₂ 的扩散能力比钾长石大得多。

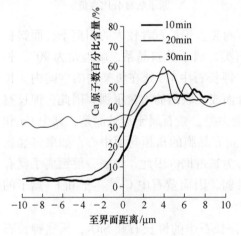
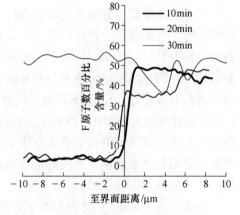

图 8 - 12　扩散层中 Ca 元素的
原子数百分比含量

图 8 - 13　扩散层中 F 元素的
原子数百分比含量

　　比较图 8 - 14 和图 8 - 15 可以看出，1200℃下扩散 30min 后，天然钾长石中钾元素的原子数百分比含量，从天然钾长石内部至其与 CaF₂ 接触面方向呈现下降趋势，从 3.05% 下降到 1.01%，并且在 CaF₂ 中的含量很低，说明钾长石在 CaF₂ 中的扩散能力很有限。1200℃下扩散 30min 后，天然钾长石中的硅元素的原子数百分比含量接近于零，与钾元素的分布特点有很大的差别，分析其原因，

1200℃条件下，SiO_2 已经能够与 CaF_2 发生反应生成 SiF_4，SiF_4 以气态形式存在，生成后会很快从反应界面逸出，故天然钾长石扩散层中的 SiO_2 含量很低。而氟元素和钙元素在纯试剂 CaF_2 中的原子数百分比含量分别为 66.67% 和 33.33%，扩散 30min 后氟元素与钙元素相比，其相对含量有所下降（53.22%）也是由于 SiF_4 的逸出引起的。

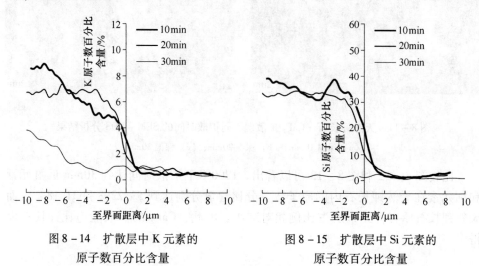

图 8-14 扩散层中 K 元素的　　　　图 8-15 扩散层中 Si 元素的
　　原子数百分比含量　　　　　　　　　原子数百分比含量

　　长石类硅酸盐可分为正长石和斜长石两类。正长石含较大的阳离子，而斜长石则含较小的阳离子。钾长石属于正长石类，属于单斜晶系，解理角为 90°。长石为 $[SiO_4]^{4-}$ 与 $[AlO_4]^{5-}$ 相连的架构，钾长石中 K^+ 处在负架构的空间内。长石结构中，四环的长链由两个公共氧结合而成，联结的力量很强。因此，钾长石的结构相对较稳定，K^+ 和 Si^{4+} 离子扩散能力差。萤石属于等轴晶系，其中 Ca 和 F 的配位数分别为 8 和 4。钙离子分布在立方晶胞的角顶与面中心，如果将晶胞分为 8 个小立方体，则每个小立方体中心为氟占据。因此，每隔一层钙离子就有两层毗邻的氟离子面网，其间的结合力最弱，因而萤石中 Ca^{2+} 离子和 F^- 离子的扩散能力较强[157]。

　　因此，由于 CaF_2 扩散能力大于天然钾长石中的钾长石和 SiO_2，天然钾长石与 CaF_2 的氟化反应最容易发生在天然钾长石与 CaF_2 的界面上或天然钾长石的内部。

　　若 CaF_2 没有扩散透钾长石层，可认为 CaF_2 向钾长石的扩散为半无限长扩散偶的扩散，满足菲克第二定律[158]：

$$\frac{\partial C}{\partial t} = \frac{\partial}{\partial x}\left(D\,\frac{\partial C}{\partial x} \right) \tag{8-25}$$

当扩散系数不为常数而与浓度有关时，设 $D = F(C)$，式（8-25）展开

可得:

$$\frac{\partial C}{\partial t} = D\frac{\partial^2 C}{\partial x^2} + \frac{\partial C}{\partial x} \times \frac{\partial D}{\partial x} \qquad (8-26)$$

又设 $C = f\left(\dfrac{x}{\sqrt{t}}\right)$, 令 $\lambda = \dfrac{x}{\sqrt{t}}$, 求出各偏导带入式 (8-26), 得:

$$-\frac{\lambda}{2t}\frac{\mathrm{d}C}{\mathrm{d}\lambda} = \frac{D}{t}\frac{\mathrm{d}}{\mathrm{d}\lambda}\left(\frac{\mathrm{d}C}{\mathrm{d}\lambda}\right) + \frac{1}{\sqrt{t}}\frac{\mathrm{d}C}{\mathrm{d}\lambda} \times \frac{1}{\sqrt{t}}\frac{\mathrm{d}D}{\mathrm{d}\lambda} \qquad (8-27)$$

简化后:

$$-\frac{\lambda}{2}\mathrm{d}C = \mathrm{d}\left(D\frac{\mathrm{d}C}{\mathrm{d}\lambda}\right) \qquad (8-28)$$

可见, 偏微分方程已被转化为常微分方程, 在半无限长扩散条件下, 其边界条件和初始条件如下。

初始条件:

$$\begin{cases} t=0,\ x>0,\ c=c_2 \\ x<0,\ c=c_1 \end{cases} \qquad (8-29)$$

边界条件:

$$\begin{cases} t>0,\ x=+\infty,\ c=c_2,\ \left(\dfrac{\mathrm{d}C}{\mathrm{d}x}\right)_{x=+\infty}=0 \\ x=-\infty,\ c=c_1,\ \left(\dfrac{\mathrm{d}C}{\mathrm{d}x}\right)_{x=-\infty}=0 \end{cases} \qquad (8-30)$$

对式 (8-28) 在 (0, c) 作定积分可得:

$$D = \frac{-\dfrac{1}{2}\displaystyle\int_{c_1}^{c}\lambda\,\mathrm{d}C}{\dfrac{\mathrm{d}C}{\mathrm{d}\lambda}} \qquad (8-31)$$

把 $\lambda = \dfrac{x}{\sqrt{t}}$ 带入式 (8-31) 得:

$$D = -\frac{1}{2t}\frac{\displaystyle\int_{c_1}^{c}x\,\mathrm{d}C}{\dfrac{\mathrm{d}C}{\mathrm{d}x}} \qquad (8-32)$$

由式 (8-32) 可见, 用浓度 C 对距界面距离 x 作图, 则 $\dfrac{\mathrm{d}C}{\mathrm{d}x}$ 为浓度为 c 的点的斜率, $\displaystyle\int_{c_1}^{c}x\,\mathrm{d}C$ 为浓度 $c_1 \sim c$ 的面积, x 的原点由式 (8-33) 确定:

$$-\frac{1}{2}\int_{c_1}^{c_2}\lambda\,\mathrm{d}C = \int\mathrm{d}\left(D\frac{\mathrm{d}C}{\mathrm{d}\lambda}\right) = \left(D\frac{\mathrm{d}C}{\mathrm{d}\lambda}\right)_{x=+\infty} - \left(D\frac{\mathrm{d}C}{\mathrm{d}\lambda}\right)_{x=-\infty} \qquad (8-33)$$

由边界条件得:

$$\left(\frac{dC}{d\lambda}\right)_{x=+\infty} = 0, \qquad \left(\frac{dC}{d\lambda}\right)_{x=-\infty} = 0$$

所以

$$\int_{c_1}^{c_2} x dC = 0 \qquad (8-34)$$

由式（8-34）可知 x 的原点应该位于 $c-x$ 曲线左右面积相等处，如图 8-16 所示，此面叫 Matano 平面[159]。

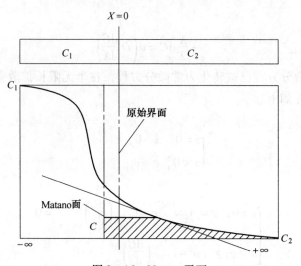

图 8-16 Matano 平面

根据 SEM-EDS 确定的 Ca、F、K 和 Si 元素在扩散层中分布，采用 Origin8.0 数据处理软件，可以确定四种元素的 Matano 平面，并求得与扩散界面不同距离各点的 $\frac{dC}{d\lambda}$ 和 $\int_{c_1}^{c_2} x dC$，最终根据式（8-34）求得各点的扩散系数，具体计算结果见表 8-8 ~ 表 8-11 所示。1200℃ 下 Ca、F、K 和 Si 元素的平均扩散系数分别为 $3.13 \times 10^{-15} m^2/s$、$6.38 \times 10^{-15} m^2/s$、$1.97 \times 10^{-15} m^2/s$ 和 $1.87 \times 10^{-15} m^2/s$，其中氟元素的平均扩散系数最大，硅元素的平均扩散系数最小。而且，氟元素扩散系数随着扩散距离的增大，呈明显的上升趋势，并符合线性关系，相关度为 0.92，如图 8-17 所示。

表 8-8 钙元素的扩散系数计算结果

编号	至界面距离/μm	扩散层中 Ca 原子数百分比/%	$\dfrac{dC}{dx}$	$\int_{c_1}^{c_2} x dC$	$D/m^2 \cdot s^{-1}$
1	0.31	25.28	-12.06	35.23	2.43×10^{-15}
2	0.94	17.12	-11.43	28.37	2.07×10^{-15}
3	1.88	10.26	-5.38	17.47	2.71×10^{-15}

编号	至界面距离/μm	扩散层中 Ca 原子数百分比/%	$\dfrac{dC}{dx}$	$\int_{c_1}^{c_2} x dC$	$D/m^2 \cdot s^{-1}$
4	2.82	7.71	−2.28	11.20	4.09×10^{-15}
5	3.76	5.69	−0.86	4.52	4.37×10^{-15}
平均值	—	—			3.13×10^{-15}

表 8 – 9　氟元素的扩散系数计算结果

编号	至界面距离/μm	扩散层中 Ca 原子数百分比/%	$\dfrac{dC}{dx}$	$\int_{c_1}^{c_2} x dC$	$D/m^2 \cdot s^{-1}$
1	0.94	7.03	−8.92	5.57	0.52×10^{-15}
2	1.25	5.18	−2.74	4.94	1.50×10^{-15}
3	1.57	5.31	−0.69	4.66	5.66×10^{-15}
4	1.88	4.93	−0.40	4.21	8.79×10^{-15}
5	2.19	4.88	−0.22	4.13	15.42×10^{-15}
平均值	—	—			6.38×10^{-15}

表 8 – 10　钾元素的扩散系数计算结果

编号	至界面距离/μm	扩散层中 Ca 原子数百分比/%	$\dfrac{dC}{dx}$	$\int_{c_1}^{c_2} x dC$	$D/m^2 \cdot s^{-1}$
1	0.02	4.23	−4.18	3.04	0.60×10^{-15}
2	0.65	1.82	−1.54	2.42	1.31×10^{-15}
3	1.20	1.33	−0.84	1.99	1.98×10^{-15}
4	1.75	1.00	−0.43	1.53	2.99×10^{-15}
5	2.58	0.83	−0.04	1.16	2.96×10^{-15}
平均值	—	—			1.97×10^{-15}

表 8 – 11　硅元素的扩散系数计算结果

编号	至界面距离/μm	扩散层中 Ca 原子数百分比/%	$\dfrac{dC}{dx}$	$\int_{c_1}^{c_2} x dC$	$D/m^2 \cdot s^{-1}$
1	0.46	10.22	−11.24	14.07	1.04×10^{-15}
2	1.01	7.31	−4.02	12.06	2.50×10^{-15}
3	1.84	4.41	−2.49	7.98	2.67×10^{-15}
4	2.94	2.75	−1.72	4.12	2.00×10^{-15}
5	3.76	1.84	−0.89	1.23	1.15×10^{-15}
平均值	—	—			1.87×10^{-15}

任中山等[160,161]采用 Boltzmann – Matano 法计算了 1323 ~ 1473K 温度范围内 $Fe_2O_3 – TiO_2$ 体系中 Ti 离子的扩散系数，确定其数量级在 $10^{-17} ~ 10^{-14} m^2/s$ 之间，与本研究结果相近。

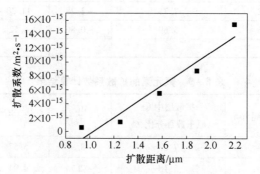

图 8 – 17 扩散距离与扩散系数的关系

8.5 本章小结

（1）天然钾长石 – CaF_2 体系氟化反应的最概然机理函数为 $\left[1 - (1 - \alpha)^{\frac{1}{2}} \right]^{\frac{1}{2}}$，反应机理为二维扩散，反应级数为 $n = \frac{1}{2}$，表观活化能 E 为 47.62kJ/mol，指前因子 A 为 $1.93 \times 10^1 s^{-1}$。E 与 $\ln A$ 呈相关性为 0.99 的线性关系，且 $\ln A = 0.11E - 2.20$。

（2）天然钠辉石 – CaF_2 体系氟化反应的最概然机理函数为 $\left[-\ln(1 - \alpha) \right]^{\frac{2}{3}}$，反应机理为随机成核和随后生长，反应级数 $n = \frac{2}{3}$，其表观活化能为 68.45kJ/mol，指前因子为 $2.31 \times 10^2 s^{-1}$。E 与 $\ln A$ 呈相关性为 0.96 的线性关系，且 $\ln A = 0.12E - 2.97$。

（3）CaF_2 扩散能力大于天然钾长石中的钾长石和 SiO_2，天然钾长石与 CaF_2 的氟化反应应最容易发生在天然钾长石与 CaF_2 的界面上或天然钾长石的内部。1200℃下 Ca、F、K 和 Si 元素的平均扩散系数分别为 $3.13 \times 10^{-15} m^2/s$、$6.38 \times 10^{-15} m^2/s$、$1.97 \times 10^{-15} m^2/s$ 和 $1.87 \times 10^{-15} m^2/s$，其中氟元素的平均扩散系数最大，硅元素的平均扩散系数最小。而且，氟元素的扩散系数与扩散距离呈明显的线性关系。

参 考 文 献

［1］林东鲁，李春龙，邬虎林．白云鄂博特殊矿采选冶工艺攻关与技术进步［M］．北京：冶金工业出版社，2007.

［2］周传典.《白云鄂博特殊矿采选冶工艺攻关与技术进步》序言［J］．炼铁，2007，26（2）：60－62.

［3］张宗清，袁忠信，唐索寒，等．白云鄂博矿床年龄和地球化学［M］．北京：地质出版社，2003.

［4］郭财胜，李梅，柳召刚，等．白云鄂博稀土、铌资源综合利用现状及新思路［J］．稀土，2014，35（1）：96－100.

［5］崔凤，朱磊，宋立民．白云鄂博西矿低品位磁铁矿的研究与利用［J］．包钢科技，2013，39（2）：32－34.

［6］牟英杰，周志刚，洪国敏．包头市白云鄂博铁矿区规划［C］//2012年中国稀土资源综合利用与环境保护研讨会论文集，2012：136－140.

［7］徐金沙，李国武，沈敢富．首次在白云鄂博铁矿发现的矿物种述评［J］．地质学报，2012，86（5）：843－849.

［8］秦朝建，裴愉卓，温汉捷，等．白云鄂博矿床石墨的发现及其地质意义［J］．矿物学报，2009（增刊）：234－235.

［9］柳建勇，赵永岗，张速旺．白云鄂博矿床极贫铁矿石和难选铁矿石资源开发利用前景分析［J］．金属矿山，2008（增刊）：170－174.

［10］柳建勇，张立志，肖国望．白云鄂博矿资源开发若干问题初探［C］//2007年中国稀土资源综合利用与环境保护研讨会论文集，2007：70－73.

［11］宋常青．白云鄂博氧化矿尾矿中萤石资源回收试验研究［C］//2012年中国稀土资源综合利用与环境保护研讨会论文集，2012：36－40.

［12］窦胜利．包头白云鄂博主矿稀土与氟空间分布规律的研究［J］．包钢科技，2001，27（3）：4－6.

［13］刘敬国，吴利仁，秦鹏渊，等．对包钢白云鄂博铁矿富钾板岩资源开发利用的几点建议［J］．金属矿山，2005（增刊）：481－482.

［14］乔瑞庆，杜鹤桂．含氟烧结矿冷强度制约因素分析及改进措施［J］．东北大学学报（自然科学版），1998，19（2）：132－135.

［15］李光森，魏国，李小刚，等．含氟烧结矿粘结相流动性的探讨［J］．东北大学学报（自然科学版），2007，28（6）：834－838.

［16］孙国龙，吴胜利，郝志忠，等．包钢高炉特殊矿强化冶炼综合技术［J］．钢铁，2007，42（11）：21－26.

［17］李小钢．含氟铁精矿烧结工艺优化及理论研究［D］．沈阳：东北大学博士论文，2004.

［18］王振山．包钢炼铁系统的技术进步［J］．炼铁，1999，18（S1）：1－3.

［19］邓克，李维兵．铁精矿铁品位与二氧化硅含量关系的研究［J］．金属矿山，2004（3）：20－25.

［20］李小钢，沈茂森，沈峰满．一种新型烧结矿——包钢第三代烧结矿［J］．钢铁，2003，

39 (6): 1-3.

[21] 罗果萍, 张学锋, 柏京波, 等. 白云鄂博铁矿中氟对烧结矿组成与结构的影响 [C] // 第十三届冶金反应工程学会议论文集, 2009: 146-152.

[22] 李光森, 金明芳, 储满生, 等. 含氟烧结矿硅酸盐粘结相自身的强度 [J]. 钢铁研究学报, 2008, 20 (1): 10-14.

[23] 许斌, 熊林, 杨永斌, 等. 白云石强化含氟铁精矿球团的研究 [J]. 钢铁, 2008, 43 (11): 9-15.

[24] 郝美珍, 马文亮, 陈林. 白云鄂博铁矿主、东矿体 SiO_2 分布规律 [J]. 包钢科技, 2010, 36 (3): 39-41.

[25] Forsmo S P E, Apelqvist A J, Bjbrkman B M T, et al. Binding mechanisms in wet iron ore green pellets with a bentonite binder [J]. Powder Technology, 2006, 169: 147-158.

[26] Iveson S M, Beathe J A, Page N W. The dynamic strength of partially saturated powder compacts: The effect of liquid properties [J]. Powder Technology, 2002, 127: 149-161.

[27] Li L, Luo K L, Liu Y L, et al. The pollution control of fluorine and arsenic in roasted corn in "coal-burning" fluorosis area Yunnan, China [J]. Journal of Hazardous Materials, 2012, 229-230: 57-65.

[28] Amesen A K M, Abrahamsen G, Sandvik G, et al. Auminium-smelters and fluoride pollution of soil and soil solution in Norway [J]. The Science of the Total Environment, 1995, 163: 39-53.

[29] 蔡隆九. 氟污染及其控制方法 [J]. 包钢科技, 2001, 27 (1): 56-60.

[30] 孙丽, 蔡隆九, 宝文宏, 等. 包钢的氟污染及其影响 [J]. 包钢科技, 2002, 28 (2): 67-70.

[31] 宋文荣, 杜有录. 治理氟污染, 保护环境, 走可持续发展之路 [C] //冶金循环经济发展论坛论文集, 2008: 219-222.

[32] 黄从国, 王宗舞, 翟建. 大气污染控制技术 [M]. 北京: 化学工业出版社, 2013.

[33] (苏联) 加尔金 H Π, 扎依采 B A, 谢列金 M B. 含氟气体的回收和加工 [M]. 北京: 化学工业出版社, 1980.

[34] 廖自基. 微量元素的环境化学及生物效应 [M]. 北京: 中国环境科学出版社, 1992.

[35] 杨红晓, 周爱东. 治理氟污染, 实现可持续发展 [J]. 有色矿冶, 2005, 21 (1): 45-50.

[36] 杨飏. 大气氟污染治理技术 [J]. 城市环境与城市生态, 2000, 13 (6): 36-38.

[37] 赵国庆. 包钢氟污染治理成效及对策 [J]. 包钢科技, 2002, 28 (2): 78-80.

[38] 李良才, 林强, 廖杨光. 从氟碳铈矿提取稀土过程中氟的行为 [J]. 四川稀土, 2009 (4): 10-12.

[39] 吴文远, 孙树臣, 涂赣峰, 等. 氟碳铈与独居石混合型稀土精矿热分解机理研究 [J]. 稀有金属, 2002 (1): 76-79.

[40] 池汝安, 田君. 风化壳淋积型稀土矿化工冶金 [M]. 北京: 科学出版社, 2006.

[41] 吴志颖. 含氟稀土精矿焙烧过程中氟的化学行为研究 [D]. 沈阳: 东北大学, 2008.

[42] 吴志颖, 孙树臣, 吴文远, 等. 氟碳铈矿焙烧过程中环境湿度对氟逸出的影响 [J].

稀土，2008，29（5）：1-4.

[43] 颜世宏，李宗安，张世荣，等. 稀土氧化物氟化反应过程的研究［J］. 稀土，1997，18（4）：16-19.

[44] 柳召刚，马莹，魏绪钧，等. 用热分析技术研究氟碳铈精矿碳酸钠焙烧反应动力学［J］. 中国有色金属学报，1998，8（2）：299-302.

[45] 时文中，朱国才，池汝安. 采用固氟氯化法从氟碳铈矿中提取稀土氯化动力学的研究进展［J］. 稀土，2006，27（1）：65-69.

[46] Sun S C，Wu Z Y，Gao B，et al. Effect of CaO on fluorine in the decomposition of REFCO$_3$［J］. Journal of Rare Earths，2007，25（4）：508-511.

[47] Wu W Y，Bian X，Wu Z Y，et al. Reaction process of monazite and bastnaesite mixed rare earth minerals calcined by CaO - NaCl - CaCl$_2$［J］. Transactions of Nonferrous Metals Society of China，2007，17（5）：864-868.

[48] 张晨，蔡得祥. 连铸保护渣中氟的危害［C］//第十六届全国炼钢学术会议论文集，2010：420-427.

[49] 孙玢. 氟原料类型对保护渣结晶及传热性能的影响［D］. 重庆：重庆大学，2012.

[50] Dapiaggi M，Artioli G，Righi C. High temperature reactions in mold flux slags kinetic versus composition control［J］. Journal of Non - Crystalline Solids，2007，353：2852-2860.

[51] Casasola R，Pérez J M，Romero M. Effect of fluorine content on glass stability and the crystallization mechanism for glasses in the SiO$_2$ - CaO - K$_2$O - F system［J］. Journal of Non - Crystalline Solids，2013，378：25-33.

[52] Zaitsev A I，Leites A V，Litvina A D，et al. Investigation of the mould powder volatiles during continuous casting［J］. Steel Research，1994，65（9）：368-374.

[53] 茅洪祥. 连铸保护渣对环境的氟污染及其对策［J］. 炼钢，1999，15（3）：42-44.

[54] Viswanathan N N，Fatemeh S，Si D. Estimation of escape rate of volatile components from slags containing CaF$_2$ during viscosity measurement［J］. Steel Research，1999，70（2）：53-58.

[55] 王平. 连铸保护渣氟逸出的研究［D］. 重庆：重庆大学，2006.

[56] Shimizu K，Cramb A W. The kinetics of fluoride evaporation from CaF$_2$ - SiO$_2$ - CaO slags and mold fluxes in dry atmospheres［J］. Iron and Steelmaker，2002，29（6）：43-53.

[57] Brosnan D A. Technology and regulatory consequences of fluorine emissions in ceramic manufacturing［J］. American Ceramic Society Bulletin，1992，71（12）：1798-1802.

[58] Attar H A. Fluorine loss from silicates on ignition［J］. American Mineralogist，1972，57：246-252.

[59] 杨林军，张允湘，金一中，等. 烧结砖制品生产中氟的逸出特性［J］. 砖瓦，2001（5）：7-10.

[60] 刘咏. 我国砖瓦厂氟化物的排放及其污染治理研究进展［J］. 四川环境，2003，22（5）：19-21.

[61] 方瑞. 砖瓦工业的氟污染与控制措施［J］. 砖瓦世界，2009（5）：30-33.

[62] Monfort E，García T J，Celades I，et al. Evolution of fluorine emissions during the fast firing of ceramic tile［J］. Applied Clay Science，2008，38：250-258.

[63] González I, Galán E, Miras A. Fluorine, chlorine and sulphur emissions from the Andalusian ceramic industry (Spain) ——Proposal for their reduction and estimation of threshold emission values [J]. Applied Clay Science, 2006, 32: 153 – 171.

[64] 薛亦峰, 闫静, 李金玉, 等. 砖瓦工业大气污染物排放状况及控制对策研究 [C] //中国环境科学学会学术年会论文集, 2012: 2224 – 2227.

[65] 文堂. 砖瓦焙烧过程中排放的有害气体及其控制方法 [J]. 砖瓦世界, 2010 (2): 5 – 20.

[66] 湛轩业. 砖瓦焙烧烟气排放有害气体污染物控制措施 [J]. 新型墙材, 2010 (6): 19 – 25.

[67] 齐庆杰. 煤中氟赋存形态、燃烧转化与污染控制的基础和试验研究 [D]. 杭州: 浙江大学, 2002.

[68] Aldaco R, Irabien A, Luis P. Fluidized bed reactor for fluoride removal [J]. Chemical Engineering Journal, 2005, 107: 113 – 117.

[69] Gsnliang G, Yan B, Yang L. Determination of total fluorine in coal by the combustion – hydrolysis/fluoride ion – selective electrode method [J]. Fuel, 1984, 63: 1552 – 1555.

[70] Martinez T R, Geima P, Jose M. Fluorine in Austuria coals [J]. Fuel, 1994, 73: 1209 – 1213.

[71] Bauer C F, Anders A W. Emissions of vapor – phase fluorine and ammonia from Columbia Coal – Fired Power Plant [J]. Environmental Science & Technology, 1985, 19: 1099 – 1103.

[72] Liang D T, Anthony E J, Loewen B K. Halogen bed combustion [C] //Proceedings 11th International Conference on Fluidized Bed Combustion Book, 1991, 917 – 922.

[73] Hall B, Schager P, Lindqvist O. Chemical reactions of mercury in combustion flue gases [J]. Water, Air and Soil Pollution, 1991, 56: 3 – 14.

[74] Piekos R, Paslawska S. Fluoride uptake characteristics of fly ash [J]. Fluoride, 1999, 32 (1): 14 – 19.

[75] 梁英教, 车荫昌, 刘晓霞, 等. 无机化合物热力学数据手册 [M]. 沈阳: 东北大学出版社, 1993.

[76] 曹战民, 宋晓艳, 乔芝郁. 热力学模拟计算软件 FactSage 及其应用 [J]. 稀有金属, 2008, 32 (2): 216 – 219.

[77] Li H X, Yoshihiko N, Dong Z B, et al. Application of the FactSage to predict the ash melting behavior in reducing conditions [J]. Chinese Journal of Chemical Engineering, 2006, 14 (6): 784 – 789.

[78] Ai X B, Bai H, Zhao L H, et al. Thermodynamic analysis and formula optimization of steel slag – based ceramic materials by factsage software [J]. International Journal of Minerals, Metallurgy and Materials, 2013, 20 (4): 379 – 385.

[79] 朱洪法, 朱玉霞. 无机化工产品手册 [M]. 北京: 金盾出版社, 2008.

[80] 德国钢铁工程师协会. 渣图集 [M]. 王俭, 彭育强, 毛裕文, 译. 王鉴, 校. 北京: 冶金工业出版社, 1989.

[81] 陈树江, 田凤仁, 李国华, 等. 相图分析及应用 [M]. 北京: 冶金工业出版社, 2007.

[82] 梁洪铭. 电渣重熔过程氟化物挥发机理研究 [D]. 西安: 西安建筑科技大学, 2013.

[83] Persson M, Seetharaman S, Seetharaman S. Kinetic studies of fluoride evaporation from slags

[J]. Iron and Steel Institute of Japan International, 2007, 47 (12): 1711 – 1717.

[84] Nurni N V, Shahbazian F, Du S C, et al. Estimation of escape rate of volatile components from slags containing CaF_2 during viscosity measurement [J]. Steel Research, 1999, 70: 53 – 58.

[85] 李正邦. 电渣冶金的理论与实践 [M]. 北京: 冶金工业出版社, 2010.

[86] 徐志明, 余海湖, 徐铁梁. 平板玻璃原料及生产技术 [M]. 北京: 冶金工业出版社, 2012.

[87] 刘亚川, 丁其光, 汪镜亮, 等. 中国西部重要共伴生矿产综合利用 [M]. 北京: 冶金工业出版社, 2008.

[88] 宋希文, 安胜利. 耐火材料概论 [M]. 北京: 化学工业出版社, 2009.

[89] 陆佩文. 硅酸盐物理化学 [M]. 南京: 东南大学出版社, 1991.

[90] 鲁前兵. 白云鄂博矿烧结钾长石体系固相反应特性研究 [D]. 包头: 内蒙古科技大学, 2012.

[91] 张强. 钾长石在陶瓷坯料系统中的反应机理 [J]. 武汉科技大学学报, 1999, 21 (4): 26 – 28.

[92] 文进, 孙淑珍, 陈璐, 等. 钾长石在白榴石合成中的应用 [J]. 生物医学工程研究, 2004 (3): 164 – 166.

[93] 王濮. 系统矿物学 (中册) [M]. 北京: 地质出版社, 1984.

[94] 王文梅, 余永富. 白云鄂博矿床霓石的研究 [J]. 矿物学报, 1993, 13 (2): 170 – 174.

[95] 蒋少涌, 魏菊英. 内蒙白云鄂博铁矿床中钠辉石和钠闪石的特征和成因 [J]. 北京大学学报 (自然科学版), 1989, 25 (4): 486 – 497.

[96] 任允芙. 冶金工艺矿物学 [M]. 北京: 冶金工业出版社, 1996.

[97] 金玉书, 夏一文. 萤石的罕见晶体形态 [J]. 地质评论, 1985, 31 (1): 31 – 36.

[98] 王铁军. 离子晶体晶形与介质环境关系讨论 [J]. 地质找矿论丛, 2010, 25 (4): 282 – 286.

[99] Ross J A. Transformation mechanisms between single – chain silicates [J]. American Mineralogist, 1986, 71 (11 – 12): 1441 – 1454.

[100] 范恩荣. 硅灰石的应用和人造硅灰石的制备 [J]. 矿产保护与利用, 1996 (4): 17 – 20.

[101] Rashid R A, Shamsudin R, Hamid M A A, et al. Low temperature production of wollastonite from limestone and silica sand through solid – state reaction [J]. Journal of Asian Ceramic Societies, 2014 (2): 77 – 81.

[102] Pownceby M I, Patrick T R C. Stability of SFC (silico – ferrite of calcium): solid solution limits, thermal stability and selected phase relationships within the Fe_2O_3 – CaO – SiO_2 (FCS) system [J]. European Journal of Mineralogy, 2000, 12: 455 – 468.

[103] 郭兴敏. 烧结过程铁酸钙生成及其矿物学 [M]. 北京: 冶金工业出版社, 1999.

[104] 谢兵. 连铸结晶器保护渣相关基础理论的研究及其应用实践 [D]. 重庆: 重庆大学, 2004.

[105] 卢安贤. 无机非金属材料导论 (修订版) [M]. 长沙: 中南大学出版社, 2010.

[106] 林青, 李延报, 兰祥辉. 对硅酸三钙的制备及其生物活性的影响 [J]. 无机化学学报, 2008, 24 (12): 1937 – 1942.

[107] Wang L S, Wang C M, YU Y, et al. Recovery of fluorine from bastnasite as synthetic cryolite

by product [J]. Journal of Hazardous Materials, 2012, 209 – 210: 77 – 83.

[108] 杨庆山, 杨涛. 氟碳铈矿的冶炼新工艺研究 [J]. 稀有金属与硬质合金, 2014, 12 (1): 1 – 4.

[109] 向军, 张成祥, 涂赣峰, 等. 氟碳铈精矿空气中焙烧的热分解研究 [J]. 稀有金属, 1994, 13 (4): 258 – 261.

[110] 向军, 张成祥, 涂赣峰, 等. N₂ 气氛中氟碳铈矿焙烧产物分析 [J]. 稀土, 1994, 15 (1): 66 – 68.

[111] 涂赣峰, 张世荣, 任存治, 等. 粉状氟碳铈矿热分解反应动力学模型 [J]. 中国稀土学报, 2000, 18 (1): 24 – 26.

[112] 涂赣峰, 任存治, 邢鹏飞, 等. 氟碳铈精矿的煅烧分解 [J]. 有色矿冶, 1999 (6): 18 – 21.

[113] 柳召刚, 常叔, 魏绪钧, 等. 氟碳铈精矿焙烧反应的研究 [J]. 稀土, 1997, 18 (2): 15 – 18.

[114] 宋天佑, 等. 无机化学 (下册) [M]. 第 2 版. 北京: 高等教育出版社, 2010.

[115] 张世荣, 涂赣峰, 任存治, 等. 氟碳铈矿热分解行为的研究 [J]. 稀有金属, 1998, 22 (3): 185 – 187.

[116] 张世荣, 李红卫, 马秀芳. 高品位氟碳铈矿焙烧分解过程的研究 [J]. 广东有色金属学报, 1997, 7 (2): 114 – 117.

[117] 翟学良, 张越. 太行山脉武安白云石热分解机理 [J]. 矿物学报, 2000, 20 (1): 160 – 164.

[118] Alvarado L M, Torres M, Fuentes A F, et al. Preparation and characterization of MgO powders obtained from different magnesium salts and the mineral dolomite [J]. Polyhedron, 2000, 19: 2345 – 2351.

[119] Galai H, Pijolat M, Nahdi K. Mechanism of growth of MgO and $CaCO_3$ during a dolomite partial decomposition [J]. Solid State Ionics, 2007, 178 (15): 1039 – 1047.

[120] 顾长光. 碳酸盐矿物热分解机理的研究 [J]. 矿物学报, 1990, 10 (8): 266 – 272.

[121] 达达尔斯基 B B. 碳酸盐类造岩矿物的鉴定方法 [M]. 孙润臣, 译. 北京: 石油工业出版社, 1957.

[122] 柳召刚, 魏绪钧, 张继荣, 等. 氟碳铈精矿碳酸钠焙烧反应机制 [J]. 中国稀土学报, 1998, 16 (4): 382 – 384.

[123] 乔军, 柳召刚, 马莹, 等. 包头矿碳酸钠焙烧反应动力学研究 [J]. 中国稀土学报, 1999, 17 (1): 86 – 89.

[124] 巨建涛, 吕振林, 焦志远, 等. CaF_2 – SiO_2 – 2CaO 渣系的非等温挥发行为 [J]. 过程工程学报, 2012, 12 (4): 618 – 624.

[125] Zhang Z T, Sridhar S, Cho J W. An investigation of the evaporation of B_2O_3 and Na_2O in F – free mold slags [J]. Iron and Steel Institute of Japan International, 2011, 51 (1): 80 – 87.

[126] Watanabe T, Fukuyama H. Stability of cuspidine ($3CaO \cdot 2SiO_2 \cdot CaF_2$) and phase SiO_2 relations in the $CaO – CaF_2$ system [J]. Iron and Steel Institute of Japan International, 2002,

42 (5)：489 – 497.

[127] 张晨，刘世洲，王文忠. CaO – SiO₂ – CaF₂ 三元渣系的挥发率 [J]. 钢铁研究学报，1998, 10 (6)：16 – 19.

[128] 陈艳梅. 电渣重熔过程中渣成分变化机理研究 [D]. 西安：西安建筑科技大学硕士论文，2011.

[129] 郭仲文，王翠香，梁连科. 含 CaF₂ 熔渣体系挥发率测定的研究 [J]. 东北工学院学报，1987, 52 (3)：381 – 386.

[130] 胡荣祖，史启祯. 热分析动力学 [M]. 北京：科学出版社，2001.

[131] Cheng S Z D, Li C Y, Calhoun B H, et al. Thermal analysis：The next two decades [J]. Thermochimica Acta, 2000, 355：59 – 68.

[132] 沈兴. 差热、热重分析与非等温固相反应动力学 [M]. 北京：冶金工业出版社，1995.

[133] Borchardt J H, Farrington D. The application of differential thermal analysis to the study of reaction kinetics [J]. Journal of American Chemical Society, 1957, 79：41 – 46.

[134] Freeman E S, Carroll B. The application of thermoanalytical techniques to reaction kinetics：The thermogravimetric evaluation of the kinetics of the decomposition of calcium oxalate monohydrate [J]. Journal of Physical Chemical, 1958, 62：394 – 397.

[135] Kissinger H F. Reaction kinetics in differential analysis [J]. Analytical Chemistry, 1957, 29 (11)：1702 – 1706.

[136] Flynn H. The Arrhenius equation in condensed phase kinetics [J]. J. Thermochimica Acta, 1990, 36：1579 – 1593.

[137] Vyazovkin S. Alternative description of process kinetics [J]. Thermochimica Acta, 1992, 211 (1)：181 – 187.

[138] Opfermann J. Kinetic analysis using multivariable non – linear regression [J]. Journal of Thermal Analysis and Calorimetry, 2000, 60：64 – 658.

[139] Ortega A. Some successes and failures of the methods based on several experiments [J]. Thermochimica Acta, 1996, 284 (2)：379 – 387.

[140] Ortega A. The kinetics of solid – state reactions toward consensus—Part 2：Fitting kinetics data in dynamic conventional thermal analysis [J]. International Journal of Chemical Kinetics, 2002, 34：193 – 208.

[141] Elder J P. The 'E – ln (A) – F (α)' triplet in non – isothermal reaction kinetics analysis [J]. Thermochimica Acta, 1998, 318：229 – 238.

[142] 陆振荣. 热分析动力学的新进展 [J]. 无机化学学报，1998, 14 (2)：119 – 125.

[143] Dollimore D, Lerdkanchanaporn S, Alexander K S. The use of the Harcourt and Esson relationship in interpreting the kinetics of rising temperature solid state decompositions and its application to pharmaceutical formulations [J]. Thermochimica Acta, 1996, 290：73 – 83.

[144] Goto F J, Criado J M. The abuse of the Harcourt and Esson relationship in interpreting the kinetics of rising temperature solid state reactions [J]. Thermochimica Acta, 2002, 383：53 – 58.

[145] Coats A W, Redfern J P. Thermal studies on some metal complexes of hexamethy leniminecar-

bodithioate［J］. Nature（London），1964（1）：68 - 69.

［146］Ozawa T. A new method of analyzing thermogravimetric data［J］. Bulletin of Chemical Society of Japan，1965，38（11）：1881 - 1886.

［147］Flynn J H，Wall L A. A quick，direct method for the determination of activation energy from thermogravimetric data［J］. Journal of Polymer Science，Part B：Polymer Letters，1966，4（5）：323 - 328.

［148］王文钊，刘朝关，唐经文. 动力学参数的补偿效应及改进的求解方法［J］. 生物质化学工程，2008，42（4）：13 - 16.

［149］Malek J. A computer program for kinetic analysis of non - isothermal thermoanalytical data［J］. Thermochimica Acta，1989，138：337 - 346.

［150］Criado J M，Malek J，Ortega A. Applicability of the master plots in kinetic analysis of non - isothermal data［J］. Thermochimica Acta，1989，147：377 - 385.

［151］Malek J. The kinetic analysis of non - isothermal data［J］. Thermochimica Acta，1992，200：257 - 269.

［152］Malek J，Criado J M. A simple method of kinetic model discrimination. Part 1. Analysis of differential non - isothermal data［J］. Thermochimica Acta，1994，236：187 - 197.

［153］Koga N，Malek J. Accommodation of the actual solid - state process in the kinetic model Function. Part 2. Applicability of the empirical kinetic model fuction to diffusion - controlled reactions［J］. Thermochimica Acta，1996，282/283：69 - 80.

［154］Meyer D. Kinetics of reduction of iron oxide in molten slag by coat 1873K［J］. Ironmaking and Steelmaking，1985，12：157 - 162.

［155］天津大学物理化学教研室. 物理化学（下册）［M］. 北京：高等教育出版社，1983.

［156］郭汉贤. 应用反应动力学［M］. 北京：化学工业出版社，2003.

［157］余志伟. 矿物材料与工程［M］. 长沙：中南大学出版社，2012.

［158］宋维锡. 金属学［M］. 北京：冶金工业出版社，1980.

［159］Wierzba B，Skibiński W. The generalization of the Boltzmann - Matano method［J］. Physica A：Statistical Mechanics and Its Applications，2013，392（19）：4316 - 4324.

［160］任中山，胡晓军，侯新梅，等. Fe_2O_3/TiO_2 扩散偶的固相反应［J］. 材料导报 B，2012：26（8）：79 - 83.

［161］任中山，胡晓军，薛向欣，等. 氩气下 Fe_2O_3 - TiO_2 体系的固相反应［J］. 北京科技大学学报，2014，36（5）：597 - 602.